C.H.BECK WISSEN

Irgendwann und irgendwo – zu keinem Zeitpunkt und an keinem Ort –, als Raum und Zeit noch in einem undefinierbaren Nichts gefangen waren, entstand in einer gewaltigen Explosion, dem *Big Bang*, innerhalb einer billionstel Sekunde aus einem unendlich kleinen Punkt von unvorstellbarer Energiedichte und Temperatur hochintensive Strahlung. Die Strukturen, die sich daraus entwickelten, offenbaren sich uns heute als Gas- und Staubwolken, als Galaxien und Galaxienhaufen. Sie sind der materielle Beweis dafür, dass alles, was im Kosmos entstanden und vergangen ist, seine Herkunft dem Urknall vor etwa 15 Milliarden Jahren verdankt.

Auch wenn die *Urknall-Theorie* Schwächen und Unklarheiten aufweist, gilt sie derzeit immer noch als die beste Erklärung für die Entstehung des Universums. Kompakt und sachkundig erläutern die beiden Autoren die wichtigsten Details dieser Theorie, vermitteln einen Einblick in die noch offenen Fragen und beschreiben ihre Auswirkungen auf unser Weltbild.

Hans-Joachim Blome ist Astrophysiker und Professor im Fachbereich Raumfahrttechnik an der Fachhochschule Aachen und war Mitarbeiter am Deutschen Zentrum für Luft- und Raumfahrt (DLR) in Bonn und Köln.

Harald Zaun ist promovierter Historiker und schreibt als Wissenschaftsjournalist unter anderem für Die Welt, Frankfurter Rundschau, c't, Süddeutsche Zeitung, WAZ, Sterne und Weltraum, FAZ.net, Spiegel-online, astronomie.de, wissenschaft.de (bdw) und Telepolis.de.

Hans-Joachim Blome
Harald Zaun

DER URKNALL

Anfang und Zukunft des Universums

Verlag C.H.Beck

Mit 7 Abbildungen

1. Auflage. 2004
2., aktualisierte Auflage. 2007

3., aktualisierte Auflage. 2015

Originalausgabe

Satz, Druck u. Bindung: Druckerei C.H.Beck, Nördlingen
Reihengestaltung: Uwe Göbel, München
Umschlagabbildung: © bigfoot/Fotolia
Printed in Germany
ISBN 978 3 406 68416 6

www.beck.de

Inhalt

Einleitung:
Kosmos und Mensch in der Gegenwart

> *Die Zeit wird kommen, wenn eifriges Forschen über lange Zeiträume hinweg Dinge ans Licht bringt, die jetzt noch verborgen liegen. ... Es wird ... eine Zeit kommen, wenn unsere Nachfahren staunen, dass wir Dinge, die ihnen so einfach erscheinen, nicht wussten. ... Viele Entdeckungen aber sind künftigen Jahrhunderten vorbehalten, wenn wir längst vergessen sind. Unser Universum wäre betrüblich unbedeutend, hätte es nicht jeder Generation neue Probleme zu bieten. ... Die Natur gibt ihre Geheimnisse nicht ein für alle Mal preis.* (Seneca, Naturales quastiones, 7. Buch)

Irgendwann zu keinem Zeitpunkt und irgendwo an keinem bestimmten Ort, als Zeit und Raum noch nicht definiert waren, entsprang aus einem extrem heißen, extrem dichten Anfangszustand von unvorstellbar hoher Energiedichte und Temperatur das uns bekannte Universum. Obwohl diese so genannte «Anfangssingularität» selbst nicht der Raumzeit angehörte und obgleich besagter Anfangszeitpunkt selbst nicht das Datum dieses vermeintlichen «Ereignisses» war, trat bereits in dieser Phase die kosmische Materie als ein sich rasant, isotrop und nahezu homogen ausdehnendes Gemisch von Elementarteilchen unterschiedlichster Art – durchflutet von hochenergetischen Photonen und vermutlich auch Gravitationswellen – in die Welt. Diese Anfangssituation, die Astrophysiker als heißen «Urknall» (engl. *Big Bang*)[1] bezeichnen, ist die Ursache dafür, dass der gesamte Kosmos – die Entstehung und Strukturierung der Materie und die Geometrie der Raum-Zeit – einem Entwicklungsprozess unterliegt, der durch die vier fundamentalen Kräfte, insbesondere der Gravitation und der Expansion, geformt wird. Alles, was sich aus diesem kaum definierbaren Etwas herauskristallisierte – ob Galaxien, Sterne oder Planeten –, hebt sich heute von der samtenen, mitunter entseelt wirkenden Schwärze des «kalten» Weltraums deutlich ab, lässt das All aber zugleich in pittoresker Schönheit erstrahlen. Gleichwohl ist dies nur eine punktuelle Momentaufnahme einer sich fortwährend im Wandel befindlichen kosmischen Evolution, dessen Ende unabsehbar ist. Heute sprechen alle Beobachtungen für einen Kosmos, der ewig expandiert[2] und dessen Ausdehnung dabei sogar beschleunigt wird – und in dem die Existenz einer bewohnbaren Zeitzone nur den Charakter einer Übergangszeit hat. Dabei ist aber die vermeintliche Geschichtslosigkeit des Universums, die scheinbare Ruhe und Unveränderlichkeit des Sternenhimmels, eine «optische Täuschung». Diese Einsicht, die auf Beobachtungen erdgebundener und satellitengetragener Teleskope basiert, führte zu neuen physikalisch fundierten Theorien, die in der Astrophysik den vielleicht wichtigsten Paradigmenwechsel des 20. Jahrhunderts markierten. Hieraus resultiert auch die Erkenntnis, dass der Homo sapiens – aus dem Blickwinkel der Naturgesetze – in einer Welt lebt, in der es sehr behutsam zugeht. Gefangen zwischen Makro- und Mikrokosmos, bewegt er sich mit Geschwindigkeiten, die erheblich kleiner sind als die Lichtgeschwindigkeit. Gefangen in der Gegenwart, vermag er beim Betrachten der am nächtlichen Firmament funkelnden Sterne immerhin ad oculos zu realisieren, dass jeder Blick ins All aufgrund der endlichen Ausbreitungsgeschwindigkeit des Lichts gleichzeitig auch ein Blick in die Vergangenheit ist. Weder der heutige Zustand noch die Entwicklung einzelner Objekte sind uns zugänglich; sie sind nur eine Mischung aus Zustands- und Entwicklungsdaten. Daraus resultiert eine weitere spezifische Schwierigkeit der Kosmologie. Raum-, Zeit- und Objektfragen sind miteinander verflochten: Wir können nicht in große Entfernungen schauen, ohne gleichzeitig in die Vergangenheit zurückzublicken. Insbesondere die Entdeckung von Edwin Hubble (1929), dass sich fast alle fernen Galaxien von uns fortbewegen, und die Messung eines kosmischen Strahlungsfeldes im Mikrowellenbereich durch Arno Penzias und Robert

Wilson (1964), worauf zu guter Letzt unser ganzes Weltbild der physikalischen Kosmologie beruht, in dem die Urknall-Theorie fest verankert ist, entlarvten die historische Dimension unseres Alls. Heute wissen wir, dass unser *Lebensraum* und der dem Menschen durch Raumfahrt zugängliche Teil des Weltraums im Vergleich zur räumlichen Erstreckung des Kosmos extrem winzig und dass die Welt außerhalb der Erde äußerst lebensfeindlich ist. Nur an einem speziellen Ort in unserem Sonnensystem hat eine große Zahl von besonderen Feinabstimmungen bestimmte Bedingungen geschaffen, die das heutige Leben und Bewusstsein sowie die gegenwärtige Intelligenz realisierten. All dies hat auf die moderne Kosmologie des 20. Jahrhunderts einen geradezu revolutionären Einfluss gehabt, änderte sich doch so die Perspektive auf die Stellung des Menschen im Kosmos fundamental. Angesichts der Erkenntnis, dass der Mensch in die Evolution der irdischen Biosphäre und diese wiederum in die planetarische Evolution der Erde eingebunden ist, wurde die materielle Verknüpfung mit der Geschichte des Kosmos evident. Denn die Atome und Moleküle, aus denen unser Körper besteht, existierten in der Geburtsstunde des Kosmos noch nicht, sondern sind erst im Laufe von Jahrmilliarden im Innern der Sterne aus dem anfangs alleinig vorhandenen Wasserstoff und Helium generiert worden. Wir sind – wie es Ernesto Cardenal umschreibt – samt und sonders Kinder der Sonne und tragen alle den Sternenstaub, der in unzähligen Supernovae-Explosionen in den Kosmos freigesetzt wurde, größtenteils in uns.[3]

I. Terminologie, Etymologie und Philosophie des Urknalls

Der Urknall ist in Wahrheit unser Horizont in der Zeit und im Raum. Wenn wir ihn als Nullpunkt unserer Geschichte betrachten, dann aus Bequemlichkeit und in Ermangelung eines Besseren. Wir sind wie Entdeckungsreisende vor einem Ozean: Wir sehen nicht, ob es hinter dem Horizont etwas gibt. (Hubert Reeves)

Wohl selten hat ein angesehener Wissenschaftler das Faszinosum und das Mysterium des Urknalls so treffend pointiert wie der frankokanadische Grandseigneur der Astrophysik, Hubert Reeves.[4] Dabei dürfte die Frage nach dem Beginn und Ursprung des Universums, das wir erleben und zu verstehen versuchen, die im Verlaufe der Menschheitsgeschichte am häufigsten gestellte sein. Zu allen Zeiten, in allen Kulturen richteten die Menschen den Blick zu den Sternen und rätselten über den Anfang aller Materie und allen Seins. Seitdem am 2. Oktober 1608 der Brillenmacher Hans Lipperhey aus Middelburg in der flämischen Provinz Seeland ein Patent beantragte – für «ein gewisses Instrument, um in die Ferne zu sehen»[5] –, ermöglichen uns die «klassischen» Fernrohre und ihre Nachfolger – von den hochsensiblen erdgebundenen Teleskopen bis hin zu Weltraumobservatorien – einen immer tieferen und zugleich faszinierenden Einblick in das Universum und führen uns dabei tagtäglich vor Augen, dass das All eine Geschichte hat, dass Astronomen und Kosmologen nichts anderes als fragende Historiker des Universums sind. Warum existiert der uns bekannte Kosmos überhaupt? Woher kam er – wohin geht er? Führt der Big Bang unweigerlich zum Big Crunch,[6] oder expandiert der Kosmos bis in alle Ewigkeit? Gibt es eine deterministische Konstante, einen ersten Beweger, eine erste Ursache, die alles bedingt hat?

All diese bewegenden Fragen, worüber sich Äonen zuvor bereits die Philosophen der Antike, die Gelehrten des Mittelalters und die Universalisten der Aufklärung – von Platon über Giordano Bruno bis hin zu Isaac Newton – die Köpfe zerbrachen, sind heute Gegenstand der physikalischen Kosmologie, die Hoimar von Ditfurth einmal als «Fortsetzung der Metaphysik» charakterisierte. Auf der Suche nach dem kosmischen Gral, dem Schlüssel zu allem, fokussiert sich die Kosmologie immer stärker auf den Big Bang, jene Ur-Sache aller Ursachen dieser Welt, die in unserem Sprachraum gerne mit der unzureichenden Metapher «Urknall» umschrieben wird. Aber ganz im Gegensatz zu dem in der Wissenschaft mittlerweile geflügelten und etablierten Wort «Big Bang», das auf den Verfechter der Steady-State-Theorie Fred Hoyle zurückgeht, lässt sich der Urheber der deutschen Translationsvariante namentlich nicht mehr ausmachen. Hoyle hatte diesen Ausdruck am 25. Februar 1950 während der BBC-Radiosendung «Man's Place in the Expanding Universe», die im Rahmen der sechsteiligen *Lecture*-Serie «The Nature of the Universe»[7] ausgestrahlt wurde, erstmals zum Besten gegeben und damit den Urknall-Verfechtern keineswegs schmeicheln wollen. Dass das einheitlich anerkannte Standardmodell der Kosmologie, das den Beginn der Welt charakterisiert, mit einem derart deplatzierten Namen versehen wurde, überrascht umso mehr, als der Urknall im eigentlichen Sinne weder ein Ereignis – hierfür wären die Koordinaten Zeit und Raum eine entscheidende Voraussetzung gewesen – noch eine Explosion im herkömmlichen Sinne gewesen sein kann. Ebenso wenig ging er mit einem Knall einher, da ein solcher eine räumliche Dimension und zugleich einen Luftwiderstand erfordert hätte. Nein, der Urknall war alles andere als eine Explosion irdischer Art, da er sich eben nicht in einem bereits existierenden Raum «ereignete». Wenn überhaupt, dann «füllte» diese Explosion «im Gegenteil das gesamte Universum» aus.[8] Folglich hat der Urknall zugleich an jedem Punkt dieses Universums und an einem bestimmten Ort stattgefunden. Egal, wo Sie dieses Buch im Augenblick auch lesen mögen, egal, wo Sie morgen sein werden: An jedem dieser Punkte fand dereinst auch der Urknall statt, weil am Anfang dieser Welt alle Orte ein und derselbe Ort waren.[9]

Keineswegs ein und dasselbe vermitteln dagegen die mit dem Urknall in engem Konnex stehenden Begriffe *Universum* und *Kosmos*. Während Astrophysiker unter einem *Universum* das größtmögliche existierende Objekt, das «alles» umfassende System, quasi das Weltganze verstehen, das alle Materie und Antimaterie als Teilsystem(e) in sich vereint, betrachten sie den *Kosmos* (griech. = «Ordnung») allenfalls als theoretisches Konstrukt, als hypothetisches Abbild des Universums. Setzte man das Universum mit dem Planeten Erde gleich, dann wäre analog hierzu der Kosmos schlichtweg ein Atlas. Gänzlich anders verhält es sich mit der *Metagalaxis*, womit Astronomen ausschließlich jenen empirisch zugänglichen Teil des Universums verbinden, der im Rahmen astronomischer Beobachtungen perzeptorisch, also via Teleskop etc., observierbar ist. Möglicherweise ist aber auch der gesamte Kosmos nur einer unter vielen Welten – ein Objekt im Multiversum. Dann lebten wir in einem von vielen koexistierenden Universen, die alle in einen höherdimensionalen Raum eingebettet sind. Diese Hypothese gewinnt an Gewicht, wenn wir die Quantentheorie auf das Universum anwenden. Gehen wir nämlich von einem Quantenzustand am Anfang aus, dann gibt es in der Tat viele Möglichkeiten, ein Universum zu kreieren oder gar Universa zu bilden, die sich durch den konkreten Wert der Naturkonstanten, die Hierarchie der Wechselwirkungen oder das Massenspektrum der Elementarteilchen unterscheiden könnten. Ob solcherlei Universa tatsächlich parallel zu unserem Kosmos in einem höherdimensionalen Raum existieren, entzieht sich aber jeglicher Beobachtung und bleibt daher äußerst spekulativ.[10]

Wie dem auch sei – das Standardmodell jedenfalls beschreibt nicht die Entstehung, sondern nur die Entwicklung der Welt. Es vermittelt ein idealisiertes Bild einer Realität, die wir nicht direkt erfahren, sondern mit Teleskopen sondieren und mithilfe mathematischer Physik erschließen können.[11]

Heute dringen die Astronomen auf ihren Zeitreisen immer tiefer in das unbegrenzte, möglicherweise endliche, aber stetig wachsende Universum vor und nähern sich zumindest der Grenze des Urknalls unaufhörlich. Ermutigt durch das immer besser werdende astronomische Instrumentarium, beflügelt von neuen oder optimierten Detektionsmethoden und fortwährend präziser arbeitenden Computersimulationen, kristallisieren sich dabei immerfort feinere Bilder und Modelle heraus. Und dennoch bleibt bis dato ungeklärt, wer oder was vor langer Zeit das Drehbuch schrieb, die Regie führte, das Theater baute, die Requisiten besorgte und die Mimen, die dort ihr Gastspiel zelebrierten, auf die Bühne platzierte und ob der Homo sapiens wirklich der einzige Zuschauer im Auditorium ist, der diesem unglaublichen kosmischen Schauspiel beiwohnen darf. Dies steht auch nicht in den Sternen, die der Urknall kreiert hat.

II. Wegbereiter der modernen Kosmologie

Er sagt, bei der Entstehung des heutigen, geordneten Universums hätte sich aus dem Ewigen eine Wärme und Kälte Zeugendes abgesondert [sic!] *und daraus sei eine Feuerkugel um die die Erde umgebende Luft gewachsen, wie um einen Baum die Rinde. Indem diese dann geplatzt und das Feuer in bestimmten Kreisen eingeschlossen worden sei, hätten sich Mond und Sterne gebildet.*
(Anaximander, um 610–545 v. Chr.)

1. Philosophische Kosmogonen der Antike

Es wird für immer ein Mysterium der Wissenschaftsgeschichte bleiben, wer wohl der erste Mensch gewesen war, der – den Blick den Sternen zugewandt – über den Beginn der Welt sinnierte und über die erste Ursache allen Daseins rätselte. War der Schöpfer des ersten kosmogonischen Gedankens ein archaischer Zeitgenosse des Homo neanderthalensis, oder verliert sich seine Spur gar bis zum Homo habilis? Wie auch immer die Antwort darauf lauten mag – die Frage nach dem Anfang des Kosmos, die ihren stärksten Ausdruck seit jeher auf religiöser und mythologischer Ebene gefunden hat, dürfte im Zuge der menschlichen Bewusstseinswerdung zu allen Zeiten in allen Kulturen gestellt worden sein. Gleichwohl blieb es aber der griechischen Philosophie vorbehalten, den Weg zu einer rational fundierten, systematischen Kosmogonie zu ebnen. Die ersten Schritte auf dem jahrtausendelangen steinigen Weg zur modernen Kosmologie machten die ionischen Naturphilosophen im sechsten Jahrhundert v. Chr. Die größtenteils in der damaligen Handelsmetropole Milet (heutige Türkei) lebenden Philosophen waren die vielleicht ersten echten «Naturwissenschaftler», da sie nicht mehr länger gewillt waren, die Welt anhand mythologischer Metaphern und Analogien zu verklären. Ausgehend von dem Credo, dass «nichts» aus dem «Nichts» kommen kann und die Welt sich daher irgendwann einmal aus einem Urchaos gebildet und geordnet haben muss, machten sie für deren Beginn nicht mehr irgendwelche mythologisch glorifizierten Götter verantwortlich, sondern entwickelten ohne jegliches empirisches Wissen und ohne astronomisches Instrumentarium – allein durch die Kraft und Kreativität ihrer Gedanken – Modelle und Theorien, die samt und sonders nur darauf abzielten, den Urgrund der Welt in einem stofflichen Prinzip zu suchen.[12] Um Ordnung in den chaotischen Urzustand zu bringen, suchten die Denker jener Epoche nach dem Urstoff aller Materie (*arche*), aus dem sich alle anderen Dinge entwickelt haben mussten.[13]

Wenngleich Thales von Milet (um 624–546 v. Chr.) als erster Vertreter der milesischen Schule hierauf einen Erklärungsversuch startete und dabei in der Feuchtigkeit respektive im Wasser die *arche* zu erkennen glaubte, weist der Weltentstehungsentwurf des ionischen Philosophen Anaximander (um 610–545 v. Chr.) gar urknallähnliche Züge auf. Anaximander zufolge war die Welt aus einem zeugungsträchtigen Keim des Heißen und Kalten entstanden, und zwar durch «Abtrennung». Für den Vorsokratiker stand anstelle der sagenhaften Götter am Anfang allen Seins das *Ápeiron*: «das Grenzenlose», auf das später eine Art «Explosion» folgte, aus der sich alle Himmelskörper bildeten.

Heraklit von Ephesus (um 550–480 v. Chr.) sah dies anders. Die von ihm erdachte Welt befindet sich in einer ständigen Veränderung ohne Anfang und ohne Ende: *Das All steuert der Blitzstrahl (das Feuer). Die Weltordnung (logos), dieselbe für alle (und alles), schuf weder einer der Götter noch der Mensch, sondern sie war immer und ist und wird sein ewig lebendiges Feuer, erglimmend nach Maßen und erlöschend nach Maßen.* Der ständige Kampf der Gegensätze wird nach Heraklit allerdings von einem ewigen Weltgesetz (*logos*) der Harmonie gesteuert: *Das Gegensätzliche strebt zur Vereinigung, aus dem Unterschiedlichen entsteht die schönste Harmonie, und der Kampf lässt alles so entstehen.* [14]

Während Aristoteles den Kosmos ganz im Gegensatz zu Platon, für den die Welt etwas Geschaffenes war, als unvergänglich und unveränderlich ansah, legten andere Denker eine «unglaubliche Voraussicht» an den Tag,[15] wie etwa der griechische Philosoph Epikur, der ein Modell entwickelte, dem zufolge sich das Universum am Anfang in einem permanent wechselnden Zustand des Urchaos befand, aus dem dann sukzessive geordnete Strukturen hervorgingen.

Aus dem Chor der zahlreichen antiken Kosmologen, die den Beginn der Welt zu ergründen versuchten, ragen sicherlich noch die beiden Denker Leukippos aus Milet (um 450–370 v. Chr.) und Demokrit (um 460–370 v. Chr.) heraus, die zumindest quellenmäßig nachweislich wohl die ersten Menschen waren, die postulierten, dass die Welt aus Atomen und leerem Raum besteht. Atome (griech. *atomos* = «das Unteilbare») – das waren für die beiden Griechen kleine, unsichtbare, allerdings ewige und unzerstörbare Teilchen, die sich jeweils durch ihre Form, Gestalt und Größe voneinander unterschieden. Alle Atome seien aus dem gleichen «Stoff» gemacht und könnten sich untereinander verbinden. Dabei sei die Entstehung der Welt eine Folge der unablässigen Bewegung der Atome im

Raum. Mag sein, dass Leukippos' und Demokrits Atommodell mit dem heutigen herzlich wenig gemein hat. Dennoch stellt die von beiden angedachte Verbindung der Unendlichkeit der Welt mit einer auf atomistischen Prinzipien beruhenden Kosmogonie für die damalige Zeit eine bemerkenswerte intellektuelle Leistung dar.[16]

2. «Renaissance» und Aufklärung

Es wirkt wie eine Ironie der Geschichte, dass das von den ionischen Naturphilosophen und den Protagonisten der klassischen griechischen Philosophie mühsam und sukzessive erworbene Wissen über den Anfang der Welt, das damals seiner Zeit weit voraus war, selbst für lange Zeit im Zeitstrom verloren ging. Denn mit dem Ende des Weströmischen Reiches, das im fünften Jahrhundert durch die einfallenden Barbarenhorden besiegelt wurde, verabschiedete sich auch das von den Römern rezipierte Wissen der griechischen Philosophen für mehr als 1000 Jahre größtenteils aus der abendländischen Geschichte: Die letzten Quellenrelikte antiken Wissens fanden sich nunmehr in Byzanz, Syrien und Persien wieder.

Das Schattendasein, das die Philosophie und Naturwissenschaften, allen voran die Kosmologie, während der dunklen, langen Nacht des Früh- und Hochmittelalters («Dark Ages») führten, endete erst im dreizehnten Jahrhundert, als im Zuge des Niedergangs des Islamischen Reiches die Schriften der antiken Philosophen peu à peu als arabische Übersetzungen und teilweise auch im griechischen Original wieder den Weg zurück ins Abendland fanden.

Als besonders pragmatisch erwiesen sich hierbei die Scholastiker des Mittelalters, allen voran Thomas von Aquin (1225–1274), der auf der Grundlage der von Claudius Ptolemäus modifizierten aristotelischen Kosmologie einen eigenen kosmogonischen Ansatz entwickelte. Indem Thomas von Aquin das ptolemäische Weltbild adaptierte und mit den christlichen Glaubenssätzen in Einklang brachte, gab er der christlichen Theologie zwar ein wissenschaftliches Fundament, lähmte damit aber zugleich jeglichen naturwissenschaftlichen Fortschritt. Aus der Synthese von christlichen Glaubenswahrheiten, empirischen Befunden und antikem Gedankengut gewann eine theologische Weltinterpretation an Konturen, der zufolge der unsterbliche Mensch der Mittelpunkt der Welt war und das Universum nicht unendlich und ewig sein konnte, weil Gott es geschaffen hatte. Dabei wurde ein endliches Alter der Welt durch das Dogma *Creatio ex nihilo* bereits auf dem IV. Laterankonzil 1215 formuliert. Durch die Religion geheiligt, durch die geozentrische Kosmologie rationalisiert und von der Philosophie sanktioniert, feierte das anthropozentrische mittelalterliche Universum im 14. Jahrhundert zwar seinen Höhepunkt, geriet aber bereits im folgenden Jahrhundert zusehends in die Kritik, wobei nicht Gott als Schöpfer der Welt und erster Beweger, sondern die Richtigkeit des geozentrischen Weltbildes in Frage gestellt wurde. So postulierte etwa Kardinal Nikolaus von Kues (1401–1464) ein unbegrenztes Universum, das weder einen Rand noch einen Mittelpunkt habe, weil Gott, der dasselbige einst erschaffen habe, selbst unendlich sei und daher außerhalb des Universums stehe. Das Universum sei, so Nikolaus von Kues, nichts anderes als eine Kugel, «deren Mittelpunkt überall und deren Umkreis nirgends ist».[17]

Der Erste jedoch, der nachhaltig an den Festen des geozentrischen Weltbildes rüttelte und mit seinem heliozentrischen Modell, dessen geistiger Vater der griechische Philosoph Aristarchos von Samos (310–230 v. Chr.) war, die nach ihm benannte Wende einleitete, war Nikolaus Kopernikus (1473–1543). Seine historische und 1543 publizierte Schrift *De Revolutionibus Orbium Coelestium* («Über die Kreisbewegungen der Himmelskörper»), in der Kopernikus die Sonne in den Mittelpunkt des Weltalls rückte, fand weitreichende Anerkennung. Während Johannes Keplers 1596 erschienenes Erstwerk *Geheimnisse der Kosmographie*, worin er über die Natur des harmonischen und mathematischen Universums spekulierte und darin Gottes Schöpfungswerk erkannte, keinen dauernden Beitrag zum Fortschritt der Wissenschaft brachte, erschütterte ein anderer weitsichtiger Zeitgenosse Keplers das bestehende

Weltbild auf revolutionäre Weise. Noch einen Schritt weiter als Nikolaus von Kues ging der Dominikanermönch Giordano Bruno (1548–1600). Der entschiedene Anhänger der kopernikanischen Lehre skizzierte ein Universum, das weder einen Mittelpunkt noch einen Rand hatte, sondern dessen Mittelpunkt «überall» war. Giordano Brunos Vorstellung nach war die Erde nur ein Planet unter vielen, auf denen ebenfalls Leben heimisch war. Es ist geradezu tragisch, dass der erste Mensch, der das Kosmologische Prinzip auf weitsichtige Weise antizipierte, dieser Erkenntnis wegen als Ketzer gebrandmarkt wurde und auf dem Scheiterhaufen enden musste.

Von allen kosmogonischen Modellen der Antike überdauerte nur das aristotelische das Mittelalter und wirkte sogar bis ins 17. Jahrhundert nach. Gleichzeitig vollzog sich auf der Basis des kopernikanischen Weltbildes ein Paradigmenwechsel, den der französische Philosoph René Descartes (1596–1650) mit seiner 1644 veröffentlichten *Principia Philosophiae* einleitete. Erstmals sah sich die Wissenschaft einem mechanistisch geprägten Weltentstehungsentwurf gegenüber, dessen geistiger Urheber von einem unbegrenzten Weltall ausging, das sich allein aufgrund mechanischer Gesetze aus einer Urmaterie gebildet hatte. Der erste Beweger, der diesem hydrodynamischen Kontinuum den nötigen Drehimpuls mitgegeben hatte, war Descartes' Deutung nach Gott. Da dessen Entscheidung richtungweisend gewesen war, musste die Menge der Bewegung auch konstant bleiben. Signifikant für die sich abzeichnende Wende war auch, dass das heliozentrische Weltbild nunmehr selbst eine Evolution durchlief. Einerseits lösten die Astronomen der Aufklärung durch die Überwindung des aristotelischen Kosmos die engen Grenzen des Universums auf; andererseits bewirkte die konsequente Loslösung vom Kreis, der jahrtausendelang als Ideal der geometrischen Figur gefeiert worden war und die göttliche Ordnung mitsamt des Menschen als Mittelpunkt der Welt symbolisiert hatte, ein Umdenken in Bezug auf die Planetenbewegung, erkannten die Gelehrten ihrer Zeit doch endlich, dass die Planeten die Sonne nicht in kreisrunden, sondern in elliptischen Bahnen begleiten. Die

Zeit, da noch mystische Beweger beschworen werden mussten, um die Bewegung der Himmelskörper zu erklären, war nunmehr endgültig vorbei. Auf dem Weg von der Astronomie zur Astrophysik schlug zu guter Letzt Isaac Newton (1643–1727) eine neue Seite im Buch der Geschichte der Kosmologie auf. Schließlich war er es, der mit der Formulierung seines Gravitationsgesetzes die bis zum Beginn des 20. Jahrhunderts wichtigste kosmologische Zäsur markierte. Mit seiner Idee, wonach sich alle Körper im Raum gegenseitig anziehen und auf berechenbaren Bahnen bewegen, stellte Newton erstmals einen interdependenten kausalen Zusammenhang zwischen den Himmelskörpern im Universum her. Wie die Räder eines altertümlichen Uhrwerks, die in- und miteinander eng verzahnt sind, standen die Teile seines rein mechanistisch geprägten Universums in enger Wechselbeziehung und bildeten eine untrennbare Einheit. Raum und Zeit existierten völlig losgelöst von Körpern, Feldern und physikalischen Vorgängen.

«Die absolute wahre und mathematische Zeit verfließt an sich und vermöge ihrer Natur gleichförmig und ohne Beziehung auf irgendeinen äußeren Gegenstand», schreibt Newton in seinem Hauptwerk *Philosophiae Naturalis Principia Mathematica.*[18] Raum und Zeit waren deshalb unabhängig voneinander existierende physikalisch absolute Größen. Während der Raum dreidimensional, unendlich ausgedehnt, isotrop und homogen sowie für alle Zeit unveränderlich war, kannte die Zeit in Newtons Konzept weder einen Anfang noch ein Ende. Der Zeitstrom, der auf seiner gedanklichen Landkarte gleichförmig fließt, folgt einem eindimensionalen, unendlich ausgedehnten Bett. Somit hatte auch die von Gott geschaffene Welt, durch die sich dieser Strom beziehungslos bewegt, keinen Anfangspunkt. Ihre Entstehung lässt sich mit Naturgesetzen nicht erklären. Newtons absoluter Raum war also ein statischer, wenn auch unbegrenzter und leerer Behälter, in dem sich die kosmischen Ereignisse abspielen. Seine absolute Zeit impliziert eine weltweite absolute Gleichzeitigkeit.

Stärker philosophisch ausgerichtet, aber nicht minder naturwissenschaftlich orientiert, war das astronomische Konzept des größten Philosophen der Aufklärung: Immanuel Kant (1724–1804). Beseelt von dem Streben, eine Brücke zwischen dem mechanistischen Weltentstehungsmodell Newtons und der Idee der Existenz Gottes zu schlagen, versuchte Kant schon in den Frühjahren seiner philosophischen Tätigkeit, in einem 1755 gedruckten, aber unbekannteren Traktat das Sonnensystem und den Kosmos auf naturwissenschaftlicher Basis zu erklären. Auch wenn Kants Kosmogonie in der Tradition der antiken Atomisten stand, so war für ihn – anders als bei den Griechen – das anfängliche Wirken und das Dasein Gottes bereits allein durch die gesetzmäßige Ordnung der Materie erwiesen. In dem von Kant postulierten unendlich großen und mit unendlich vielen Sternen übersäten, von übergeordneten Weltgebäuden besetzten Universum war Gott allgegenwärtig und mitnichten im Zentrum des Weltraums zu finden, «wo» sich Kants Vorstellung nach vielmehr die erste Materie gebildet, verdichtet und «wo» der immer noch andauernde kosmische Evolutionsprozess einstmals seinen Anfang genommen hatte. Der von Gott in Gang gebrachte und auf mechanistischen Prinzipien und Naturgesetzen beruhende Schöpfungsakt war nicht das Werk von Augenblicken. Nein, er war und ist «niemals vollendet». Die anfängliche Schöpfung verliert sich vielmehr in eine Evolution, und Sterne tragen das Stigma der Vergänglichkeit. «Sie hat zwar einmal angefangen, aber sie wird niemals aufhören. Sie ist immer geschäftig, mehr Auftritte der Natur, neue Dinge und neue Welten hervorzubringen.»[19]

3. Aufkommen des Evolutionsgedankens

Für den heutigen geistes- und naturwissenschaftlich interessierten Leser mag der Gedanke befremdlich sein, dass viele Forscher und Philosophen der Aufklärung noch fest in der theologischen Vorstellung verwurzelt waren, die Welt sei vor etwa 6000 Jahren von Gott erschaffen worden. Wer damals wissen wollte, wann die Welt kreiert wurde, sah sich entweder apodiktischen kirchlichen Dogmen gegenüber – wie etwa jenem, das der englische Bischof James Ussher (1581–1656) im 17. Jahrhundert zum Besten gab, der den Schöpfungsakt im Einklang mit der Bibel auf das Jahr 4004 vor Christus zurückdatierte – oder musste mit der von Georges Baron de Cuvier (1769–1832) formulierten Katastrophentheorie vorlieb nehmen, wonach die Erde nur etwa 6000 Jahre alt war und die grundlegenden Veränderungen der Erdkruste allenfalls das Ergebnis großer geologischer Katastrophen waren. Doch die Beobachtungen und Messungen, die vor allem die Biologen und Geologen dieser Epoche immer häufiger machten, korrespondierten immer weniger mit dem theologischen Datierungsmodell. Langsam, aber stetig setzte sich bei den Naturwissenschaftlern die Erkenntnis durch, dass die biologische, geologische und kosmische Gegenwart, wie sie sich dem zeitgenössischen Beobachter offenbarte, das Resultat einer langen historischen Entwicklung gewesen sein musste.

Die Lawine ins Rollen brachte der französische Naturforscher Georges-Louis Leclerc, Comte de Buffon (1707–1788), der in seinem Hauptwerk *Histoire naturelle* unverblümt erklärte, dass die Planeten bei einem Zusammenstoß der Sonne mit einem Kometen entstanden seien. Nur so lasse sich, Buffon zufolge, begründen, warum alle Planeten in derselben Richtung und in derselben Ebene um die Sonne kreisen. Gegen die Katastrophentheorie protestierte auch der schottische Geologe Sir Charles Lyell (1797–1875). In seinem Aktualismus-Modell explizierte er, dass die natürlichen geologischen Prozesse, die gegenwärtig das Gesicht der Erde verändern, in der Vergangenheit genauso langsam abgelaufen sein mussten. Lyells Schrift *Principles of Geology*, die er 1830 bis 1872 gleich elfmal überarbeitete, machte vor allem auf Charles Darwin (1809–1882) einen starken Eindruck. Zu einem Zeitpunkt, da selbst gebildete Kreationisten noch ernsthaft daran glaubten, dass allein die Sintflut und die geringe Frachtkapazität der Arche Noah die biologische Selektion der Arten bedingt hätten, löste Darwin mit seinem 1859 erschienenen Buch *On the Origin of Species by Means of Natural Selection* in der Fachwelt und innerhalb der Kirche eine anders geartete Sintflut aus. Denn in seiner

Evolutionstheorie, die auf Lyells Hypothese und eigenen Beobachtungen basierte, machte Darwin für den Artenwandel und die Entstehung neuer Arten keineswegs den biblischen Noah, sondern die natürliche Selektion verantwortlich. Angetrieben von dem Katalysator der Mutation, konnten gemäß dem Survival-of-the-Fittest-Prinzip nur die an die Umwelt am besten angepassten Tier- und Pflanzenarten den Sprung in die nächste Generation schaffen. Darwins Evolutionstheorie, die auch heute noch von den Kreationisten angefochten wird, gleichwohl aber selbst ohne größere «Mutationen» den Sprung über viele Generationen hinweg bis in die Jetztzeit schaffte, legte schonungslos offen, dass die Zeitachse des theologischen Schöpfungsmodells schlichtweg zu kurz war. Der Planet Erde musste im Gegensatz zur biblischen Version um Äonen älter sein.

Von den Ergebnissen, die sich beim Studium der Erdkruste, der neu entdeckten Fossilien sowie der Tier- und Pflanzenarten zeigten, blieb die Astronomie nicht unberührt. Dennoch sollten noch etliche Jahre verstreichen, bis ein 43-jähriger Ex-Musiker, der bis zum 35. Lebensjahr nicht das geringste Interesse an Astronomie hatte, seinen Zeitgenossen die historische Dimension des Universums erstmals deutlich vor Augen führte. Dabei war der deutsche Forscher Friedrich Wilhelm Herschel (1738–1822), der vor allem durch die Entdeckung des Uranus internationale Berühmtheit erlangte, nicht der Erste, der behauptete, dass die im Okular des Teleskops tanzenden diffusen nebligen Lichtflecken möglicherweise abseits der Milchstraße gelegene kosmische «Welteninseln» waren. Bereits Denker wie Thomas Wright, Immanuel Kant oder Johann Lambert stellten ähnliche Überlegungen an. Sie gingen davon aus, dass derlei Nebel eigenständige, weit außerhalb der Milchstraße im All eingebettete Sternsysteme waren. Herschel war aber derjenige, der zum einen die extragalaktische Astronomie als eigenständigen Zweig innerhalb der Astronomie etablierte und den Beginn der Kosmologie als beobachtende Wissenschaft einleitete. Zum anderen war er der erste Forscher, der unseren Heimatplaneten durch ständige Beobachtung der fernen «milchigen Nebel», zu denen er irrtümlich jedoch alle observierten planetarischen Nebel oder Supernova-Überreste zählte, endlich in die richtige Relation zum Restuniversum setzte. Wenngleich Herschels Instrumentarium noch nicht sensibel genug war, um galaktische Strukturen einwandfrei aufzulösen und fremde Galaxien eindeutig zu bestimmen, so hat er doch als Erster erkannt, dass die fremden «Welteninseln» in Form und Größe unserer Galaxis sehr ähnelten und das Weltall daher eine lange Geschichte haben musste. Seine Worte schienen dies zu verraten: «Ich habe weiter ins All geschaut als jemals ein Mensch zuvor. Ich habe Sterne beobachtet, deren Licht, das kann bewiesen werden, zwei Millionen Jahre bis zur Erde unterwegs war.»[20]

4. Von Einstein bis Hawking

Friedmann, Lemaître, Einstein, Gamow – Väter der Urknall-Kosmologie

Wissenschaftshistorisch lädt die Tatsache schon ein wenig zum Schmunzeln ein, dass einer der geistigen Schöpfer des klassischen astrophysikalischen Urknall-Modells selbst ein Geistlicher gewesen ist, letzten Endes also einer Institution entstammte, die im Verlaufe ihrer nicht immer unbeschwerten Geschichte den naturwissenschaftlichen Erkenntnisgewinn nur wenig gemehrt hat. Aber wohl nicht deswegen finden sich in dem von dem belgischen Astrophysiker Abbé Georges Lemaître (1894–1966) und dem russischen Meteorologen und Mathematiker Alexandrowitsch Friedmann (1888–1925) unabhängig voneinander postulierten Standardmodell («Friedmann-Lemaître-Modelle») auch Elemente, die von den Weltreligionen schon seit Jahrtausenden beschrieben wurden. Tatsächlich wird die Vorstellung, dass die Welt quasi aus dem Nichts geschaffen wurde («creatio ex nihilo»), dass am Anfang das Licht war («fiat lux»), dass es einen Anfang der Zeit gab, in dem von Friedmann und Lemaître berechneten Urknall-Modell reflektiert. Der Fortschritt beider Forscher bestand aber vornehmlich darin, dass ihr Modell einerseits auf Einsteins homogenem und isotropem Universum fußte, andererseits aber – entgegen Einsteins statischem Universum – die Möglichkeit einer Expansion und Kontraktion beinhaltete. Während Friedmann bereits 1922 in einem kaum beachteten Aufsatz ein nichtstatisches, kosmisches Modell mit endlichem Weltalter beschrieb, in dem sich die Krümmung des Raumes mit der Zeit änderte, skizzierte der Priester und ausgebildete Astronom Lemaître zwischen 1927 und 1933 in der Publikation *Hypothèse de l'atome primitif* die erste Fassung der «Urknall»-Theorie. Demgemäß war der Kosmos aus einem einzigen ursprünglichen Energiequantum hervorgegangen («Superradioactive decay of a primeval atom»). Dass Lemaître die Idee des Urknalls auf geradezu aphoristische Weise antizipierte, wusste auch Albert Einstein zu würdigen. «This is the most beautiful and satisfactory explanation of creation to which I have ever listened»,[21] lautete sein Kommentar auf Lemaîtres Big-Bang-Entwurf. Ebenso auf großes Interesse stieß Lemaîtres Modell bei dem russischen Physiker George A. Gamow (1904–1968), der in seinem kosmologischen Konzept von einem «heißen Anfang» ausging und bereits 1946 in einem unbekannteren Artikel in einem Fachmagazin mit dem Vorschlag aufwartete, das Universum sei in seinem Frühstadium mit einem heißen Gas aus freien Neutronen gefüllt gewesen,[22] dem *Ylem* (griech. = «Urmaterie»), worunter Gamow sich eine Art heiße «Ursuppe», genauer gesagt eine Nukleosynthese, vorstellte: einen zu Neutronen zusammengequetschten Wasserstoffklumpen. Aus diesem Gebilde, das sich langsam wie ein Luftballon aufblähte, bildeten sich nach zwanzig Minuten alle uns heute bekannten chemischen Elemente, woraus Gamow wiederum folgerte, dass die übrig gebliebene Urstrahlung allgegenwärtig sein und sich aufgrund der schnellen Ausdehnung des Universums auf eine Temperatur von ca. 5 Grad über dem absoluten Nullpunkt abgekühlt haben musste.

Wenn Friedmann, Lemaître und Gamow die geistigen Väter des Urknall-Modells waren, dann muss Einstein im imaginären Stammbaum die Rolle des Großvaters zugeschrieben werden, bereitete er doch mit seinen beiden Relativitätstheorien der damals gängigen Newton'schen Vorstellung von einem absoluten Raum und einer absoluten Zeit ein absolutes Ende. Denn als Einstein in der Speziellen Relativitätstheorie (1905) den Konnex von Raum und Zeit herausarbeitete («Raum und Zeit für sich sind relativ») und zehn Jahre später in seiner Allgemeinen Relativitätstheorie (ART) eine geometrische Theorie der Schwerkraft mit einer nichteuklidischen Geometrie der Raumzeit formulierte («Raum und Materie sind miteinander verknüpft»), erschütterte er nicht nur ein bestehendes physikalisches Weltbild, sondern führte die Physik und Astronomie in eine neue Ära, die bis auf den heutigen Tag seine Handschrift trägt. Energie und Materie sind äquivalent [$E = mc^2$] – Raum und Zeit werden verschmolzen zur vierdimensionalen Raumzeit, Bewegung und Krümmung der Raum-Zeit-Geometrie bedingen einander: Die Geometrie bestimmt die Bewegung der Materie, und die Energiedichte der Materie bewirkt die Abweichung von der pseudo-euklidischen Geometrie (Krümmung) der Raum-Zeit-Geometrie. Damit wurde theoretisch auch die Möglichkeit einer dynamischen Geometrie eröffnet, eine Folgerung aus den Einstein'schen Feldgleichungen, die Einstein noch 1917 ignorierte.

Die Kosmologie im Sinne einer naturwissenschaftlichen Theorie des Universums ist also erst im 20. Jahrhundert möglich geworden. Erst seit 1915 haben wir mit Einsteins Allgemeiner Relativitätstheorie die Möglichkeit einer mathematisch-physikalischen Formulierung für den Zusammenhang von Raum, Zeit, Materie und die Ausbreitung des Lichts. Weiterhin war erst durch die Formulierung der Quantenmechanik und Atomphysik in den 1920er Jahren die Entschlüsselung der Energiequelle der Sterne möglich.

Hubble und die Expansion des Alls

Einstein, zunächst selbst ein überzeugter Anhänger eines statischen Universums und somit ein entschiedener Gegner eines aus einem Uratom gewachsenen Kosmos à la Lemaître, änderte seinen Standpunkt erst 1930 – nach einem Treffen mit dem amerikanischen Astronomen Edwin Hubble, der Einstein mit seinem 100-Zoll-Teleskop auf dem Mount Wilson in persona jene sensationelle Entdeckung vor Augen führte, die ihn zuvor in die Schlagzeilen der Weltpresse gebracht hatte. 1923 gelang es Hubble nämlich, die von Kant und Herschel postulierten «Welteninseln» erstmals in Gestalt der Andromeda-Galaxie aufzulösen und den extragalaktischen Status der vermeintlichen nebelartigen Struktur anhand der Cepheiden-Variablen zu bestätigen sowie dessen Entfernung zur Erde zu messen. Damit endete nicht nur eine jahrzehntelang währende Diskussion; innerhalb der Kosmologie begann zugleich auch ein neues Zeitalter. Was zuvor reine Spekulation gewesen war, eroberte nun als «Island Universe Theory» die Lehrbücher. Dank der Erkenntnis, dass neben unserer Galaxis in der Weite des kosmischen Wüstenmeers noch unzählige andere galaktische Materieoasen drifteten, war nunmehr evident, dass das All viel größer sein musste als bislang angenommen.

Mithilfe seines leistungsstarken Teleskops und mittels der Spektralanalyse des einfallenden Lichts der weit entfernten «Welteninseln» beobachtete Edwin Hubble 1929 eine Verschiebung der Spektrallinien zum roten Ende des elektromagnetischen Spektrums, also zu den größeren Wellenlängen hin. Diese Rotverschiebung[23] deutete er als Doppler-Effekt, was wiederum nur einen Schluss zuließ: Die anvisierten Galaxien bewegen sich von der Erde fort, wobei nach der Sichtweise der ART nicht die Milchstraßen auseinanderdriften, sondern vielmehr der Raum selbst expandiert – gleich einem Luftballon. Mit welcher Geschwindigkeit sich dieser Prozess vollzieht, beschreibt das Hubble'sche Expansionsgesetz, dem zufolge die Fluchtgeschwindigkeit v und die Entfernung d eines astronomischen Objekts durch die empirische Beziehung $v = H_o \cdot d$ miteinander verknüpft sind, wobei der exakte Zahlenwert der so genannten Hubble-Konstante H_o, der für die Berechnung der Fluchtgeschwindigkeit zentral ist, bis heute strittig ist. Er bewegt sich zwischen 55 und 90 Kilometer pro Sekunde pro Megaparsec.[24] Wenig später (1931) publizierten Einstein und de Sitter das einfachste Weltmodell: Der Weltraum expandiert ewig, der Raum ist euklidisch und das Weltalter umgekehrt proportional zur Hubble-Konstante.

Aus all dem ergab sich zwangsläufig die Überlegung, dass, wenn dieser Prozess umgekehrt, also die Expansionsbewegung gewissermaßen zurückgerechnet wird, man unweigerlich an einem Punkt anlangen müsse, in dem Materie, Raum und Zeit einst vereinigt gewesen, aus dem sie gewissermaßen zugleich in einer gigantischen «Explosion» entsprungen sein mussten.

Die Entdeckung der Hintergrundstrahlung

Die wahre Bedeutung der von Gamow für das frühe Universum berechneten Strahlung erkannte als Erster Robert Dicke (University Princeton, New Jersey), der im Unterschied zu Gamow annahm, dass die vermutete Hintergrundstrahlung auch heute noch nachweisbar sein müsse. Während Dicke und sein Team mit den in Eigenregie gebauten differentiellen Mikrowellen-Radiometern gezielt nach Strahlungsquellen im All Ausschau hielten, die kühler als 20 Kelvin sein mussten, kamen Arno A. Penzias und Robert W. Wilson von den amerikanischen *Bell Telephone Laboratories* (New Jersey) als Erste in den Genuss, das kosmische Rauschkonzert des zweiten Aktes der Urknall-Ouvertüre in natura zu hören. Mit der 6,60 Meter langen Hornantenne von Holmdel wurden sie im Jahr 1964 «Ohrenzeugen» einer anhaltenden Mikrowellenstrahlung (auf einer Wellenlänge von 7,35 Zentimeter), die aus allen Himmelsrichtungen in der gleichen Intensität und Temperaturäquivalenz von 3,5 Kelvin eintraf. Nachdem alle potentiellen Störquellen ausgeschaltet waren, schälte sich heraus, dass die detektierte, sehr langwellige und isotrope Radiostrahlung nichts anderes als ein kosmisches Relikt war, sozusagen ein Nachglühen des Urknalls, ein Echo des Big Bang.

Gleichzeitig war aber die Entdeckung der Hintergrundstrahlung auch ein entscheidendes Indiz gegen die Steady-State-Theorie, mit der die Astrophysiker Hermann Bondi, Thomas Gold und Fred Hoyle im Jahr 1948 die Fachwelt konfrontierten. Während die Big-Bang-Theorie noch um die nötige Anerkennung kämpfte, verneinte die von ihnen formulierte Theorie den im Urknall-Modell beschriebenen Beginn der Welt und ging stattdessen von einem unendlichen Universum aus, das ewig währt und für alle Zeiten gleich aussieht und das für jeden Beobachter – egal, von welchem Ort er dieses Universum betrachtet – stets den gleichen Anblick der Welt böte.

Indizienbeweis durch Beobachtung

Die moderne physikalische Kosmologie, die ihren Anfang fraglos mit der Entdeckung der kosmischen Mikrowellen-Hintergrundstrahlung 1965 nahm,[25] ist eine Verbindung der ART mit der Quantentheorie und der Theorie der Elementarteilchen und ihrer Wechselwirkungen. Nachhaltig geprägt wurde sie durch die beachtlichen Erfolge der «beobachtenden» Astronomen, die ab dem Ende der sechziger Jahre unschätzbares Datenmaterial für die Richtigkeit des Urknall-Modells sammelten. Nur Pessimisten oder apodiktische Anhänger der Steady-State-Theorie konnten jetzt noch die beobachtete und bestätigte hochgradige Homogenität, Isotropie und die großräumige Verteilung der Materie sowie die Fluchtbewegung der Galaxien, also die Expansionsdynamik des Raums, weiterhin auch die intensive thermische Mikrowellen-Hintergrundstrahlung und die Tatsache, dass auf ein Nukleon beobachtbarer Materie etwa eine Milliarde Photonen entfallen, ernsthaft anzweifeln. Im Gegenteil, die Indizienkette, die die Richtigkeit des Urknall-Modells untermauert, ist lang. Ihr zufolge belegen folgende Beobachtungen das Big-Bang-Szenario:

- Die Expansion des Weltraums: Sie manifestiert sich in der Fluchtgeschwindigkeit der Galaxien.
- Die Hintergrundstrahlung: Sie gilt als Reststrahlung des heißen Urknall-Plasmas, wird im Mikrowellenbereich gemessen und kommt uns aus allen Richtungen mit einer Wellenlänge um einen Millimeter entgegen. Sie entspricht einer thermischen Strahlung mit einem Planck-Spektrum von 2,7 Kelvin. Dementsprechend befinden sich in jedem Kubikzentimeter des Weltraumes 400 Lichtteilchen vom Anfang der Welt. Zum Vergleich: Die mittlere Dichte der Materie liegt

bei (0,1–1,0) 10^{-30} g/cm^3, das heißt, auf 10 Kubikmeter kommen etwa 1 bis 6 Nukleonen (Protonen oder Neutronen).

- Die Bestimmung der heutigen mittleren Dichte der beobachtbaren (d.h. leuchtenden) Materie im Kosmos, die sich in Sternen oder im interstellaren Gas bzw. im Staub befindet: Auch ein Anteil an intergalaktischer Materie wäre hier zu berücksichtigen, ferner der Anteil an Dunkler Materie (baryonische Materie) in nichtleuchtenden Objekten und nichtbaryonischer Materie (exotische Materie).
- Die Bestimmung des primordialen Anteils von Helium, Lithium und Deuterium in der Urmaterie, bevor es zur Bildung von Sternen kam.
- Die Altersbestimmung unserer Galaxis: Dies geschieht mithilfe der Analyse des radioaktiven Zerfalls in Meteoriten (und auch in Sternatmosphären durch die Beobachtung von Thorium-Linien in Sternspektren) und aus der Entwicklungszeit von Kugelsternhaufen und der Abkühlzeit von Weißen Zwergsternen.

Erweiterung des Horizontes durch neues Instrumentarium

Die Geschichte der Astronomie ist eine Geschichte der sich erweiternden Horizonte. Als Edwin Hubble im Jahr 1936 diesen Aperçu zu Papier brachte, konnte er noch nicht wissen, dass sich innerhalb der beobachtenden Astronomie und theoretischen Astrophysik nur wenige Jahrzehnte später eine technologisch-elektronische Revolution abzeichnen sollte, die den Forschern in der Tat völlig neue Horizonte eröffnete. Eingeleitet wurde diese Entwicklung mit der ersten Generation der Radioteleskope und der damit einhergehenden Erkenntnis, dass selbst aus scheinbar leeren Himmelsregionen Radiowellen zur Erde vordrangen. Die verschiedenen Spektralbereiche, die heutige bodengebundene und satellitengetragene Teleskope observieren – ob Radio, Infrarot, visuell, Ultraviolett, Röntgen, Gamma –, offenbaren uns ganz verschiedene, komplementäre Einsichten in die kosmischen Objekte. Es ist dies die «Multifrequenz-Astronomie», die unser heutiges Verständnis der astrophysikalischen Vorgänge prägt. Zusammen mit dem Fortschritt der Rechenleistung von Computern und den Methoden der experimentellen Mathematik ist unser theoretisches Verständnis der hinter den strahlenden Fassaden der Himmelskörper ablaufenden Vorgänge außerordentlich gewachsen. Dabei beobachten wir am Himmel das Nebeneinander und, wenn wir weiter hinausblicken – gestaffelt in der Zeit –, das Nacheinander von Objekten in verschiedenen Entwicklungszuständen. Schon Alexander von Humboldt formulierte in seinen Kosmos-Vorlesungen (1845): *Der Anblick des Himmels bietet Ungleichzeitiges dar. ... Vieles ist längst verschwunden, ehe es uns sichtbar wird; vieles war anders geordnet.*

Die große Ausdehnung des Universums und die endliche Laufzeit des Lichtes bewirken, dass jeder Blick in die Tiefe des Weltraums ein Blick in die Vergangenheit ist. Die Grenze des Big Bang rückte peu à peu immer näher.

Während das Universum nach den Friedmann-Lemaître-Modellen in reeller Zeit aus einer Singularität entspringt, nimmt es in einem von Hawking und Hartle 1983 vorgeschlagenen Modell einen singularitätsfreien Anfang: mit dem Übergang aus einem vierdimensionalen raumartigen Urzustand, für den es in der von den Autoren angenommenen imaginären Zeit keinen Anfang in der Zeit gibt. Der zeitlose Anfang ist ein quantenphysikalischer Zustand endlicher Ausdehnung. Geometrisch gesehen ist dieser das vierdimensionale Analogon des von Albert Einstein vorgeschlagenen Modells eines geschlossenen dreidimensionalen Raumes, der ebenfalls endlich und grenzenlos war – aber in reeller Zeit existierte.

III. Materie

All things are made of atoms and the stars are made of atoms of the same kind as those on earth. (Richard Feynman)

1. Struktur und Verteilung der kosmischen Materie

Die Quantentheorie beschreibt die Materie durch Teilchen (z. B. Elektronen, Protonen, Neutronen, Quarks etc.), die getragen sind von den den ganzen Weltraum durchsetzenden Materiefeldern und den zwischen diesen Teilchen vorhandenen

Wechselwirkungen durch Felder bzw. den zugehörigen Feldquanten. Danach ergibt sich für die heute vorhandene kosmische Substanz folgende Einteilung:

- Atome – neutral oder ionisiert – bilden die gewöhnliche Materie.
- Photonen, die Feldquanten der elektromagnetischen Strahlung, sind sehr zahlreich; sie spielen aber für die Expansionsdynamik heute keine Rolle.
- Neutrinos gehören zu einem dritten Typus – resultierend aus Sternen, insbesondere aus dem Urknall. Sie gehören wie die Elektronen zur Familie der Leptonen.

In der derzeitigen Kosmologie bezeichnen wir als exotische Materie solche Teilchen, die gegen elektromagnetische Wechselwirkung unempfindlich sind: Daher kann exotische Materie auch nicht leuchten. Die gewöhnliche – baryonische – Materie umfasst alle chemischen Elemente; ihre Bausteine sind Elektronen, Protonen und Neutronen (wobei Protonen und Neutronen aus Quarks aufgebaut sind). Heute wissen wir, dass der leuchtende Teil der Materie nur einen Bruchteil der gesamten kosmischen Materie ausmacht. Die Vorstellung, dass «leuchtende» Materie, worauf letztlich auch alles irdische (und außerirdische) Leben basiert, im Kosmos ein höchst seltenes Phänomen ist, fällt angesichts der farbenprächtigen Bilder, die wir von Galaxien, Sternhaufen und anderen astronomischen Himmelskörpern kennen, verständlicherweise schwer. Aber in dem beobachtbaren Bereich des unbegrenzten Universums bestimmt samtene Schwärze eindeutig das Bild. Nur vereinzelt «leuchtet» kosmische Materie in Form von Staub- und Gaswolken, nur selten macht sie in Gestalt von Galaxien, Sternhaufen, Sternen und Planeten auf sich aufmerksam. Dabei sind Galaxien als größte Ansammlungen von Materie im Universum keineswegs homogen verteilt. Mal driften sie in Gruppen, mal in Galaxienhaufen durchs All, die sich miteinander zu Superhaufen anordnen. Hierbei formieren sich Galaxienhaufen und scheinbar galaxienfreie Leerräume interessanterweise zu Strukturen, die auf einer Skala von mehr als 100 Millionen Lichtjahren[26] eine blasenartige Struktur aufweisen. So gehört unsere Milchstraße der Lokalen Gruppe an, zu der neben den

Masse-Radius-Diagramm

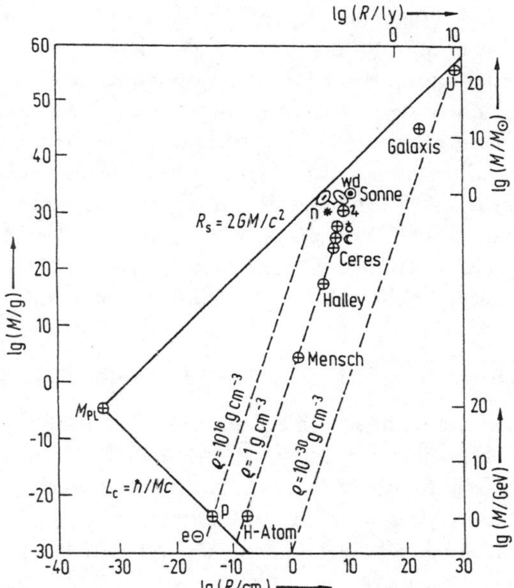

Masse-Radius-Beziehung vom Elektron bis zum Radius des beobachtbaren Universums (Quasar-Horizont). Die untere Abszisse gibt die Radien in cm, die obere in Lichtjahren (für die Galaxien) an. Die rechte Ordinate gibt die Masse in Einheiten der Sonnenmasse (oben) und in GeV (unten) an. Es bedeuten M_{PL} = Planck-Masse, $R_s = 2\,GM / c^2$ = Schwarzschild-Radius, $L_C = h / Mc$ = Compton-Länge (c = Lichtgeschwindigkeit).

Magellanischen Wolken und dem Andromedanebel noch ca. 35 weitere Galaxien, vor allem Zwerggalaxien, zählen. Die Lokale Gruppe selbst wiederum ist ein Teil des Virgo-Superhaufens, der den Virgo-Haufen und weitere Galaxiengruppen umfasst.[27] Die Verteilung der Materie im Universum – von Planeten und Sternen über Galaxien und Galaxienhaufen bis zu den Superhaufen – ist also hierarchisch strukturiert. Damit überhaupt Galaxien heranreifen können, müssen Dichtefluktuationen in der prägalaktischen Materie vorherrschen, die größer sind als diejenigen, die sich in der kosmischen Hintergrundstrahlung als Spur finden lassen. Möglicherweise haben die Teilchen der exotischen Materie («non-baryonic dark matter») entscheidend zu dem Strukturierungsprozess aus einem nahezu homogenen Anfangszustand beigetragen. Dieser Entwicklungsprozess und die Stabilität der kosmischen Objekte beruhen auf einem präzisen Ineinandergreifen der quantentheoretischen Gesetzmäßigkeiten, den durch die Expansion des Weltraums gesetzten Rahmenbedingungen, der Form der Naturgesetze und den zahlenmäßig festgelegten Naturkonstanten.

2. Bewegung der Materie – Flucht der Galaxien

Für die Kosmologie sind die Galaxien die Bausteine des Universums. Ein solcher Baustein ist unsere Galaxis, die am Rand des Virgo-Haufens liegt und von diesem angezogen wird. Daraus resultiert eine lokale Bewegung, die nur noch von der großräumigen Flucht der Galaxien überlagert wird. Auf großer Skala dominiert die erstmals von Hubble beobachtete Expansion. Das heute sichtbare Universum – eine uns umgebende Kugel mit ca. 10 Milliarden Lichtjahren Durchmesser – erscheint, wenn wir es mit hinreichend grober Auflösung betrachten, annähernd homogen. Diese Aussage ist im Kosmologischen Prinzip enthalten: Das Universum ist homogen und isotrop; es ist auch keine Richtung ausgezeichnet; aus der Isotropie in jedem Punkt folgt die Homogenität. Das Kosmologische Prinzip, insbesondere die darin geforderte Isotropie, impliziert, dass die Relativbewegung zweier (hinreichend ausgedehnter) Komponenten des Universums entlang ihrer Verbindungslinie erfolgen muss. Das lässt nur zwei großräumige Bewegungsmuster zu: Entweder entfernen sich alle Objekte von einem Beobachter, oder sie nähern sich ihm jeweils entlang der Sichtlinie. Dieses Muster zeichnet auf den ersten Blick einen Beobachter vor allen anderen aus, tut es aber genau dann nicht, wenn die Relativgeschwindigkeit v zweier Objekte proportional zu ihrem Abstand d ist, das heißt: v = H · d. Dies ist das berühmte Hubble-Gesetz. Hier ist die Hubble-Konstante H von Abstand und Richtung unabhängig, nicht aber von der Zeit. Im Hubble-Gesetz sind v, H und d zu ein und derselben Zeit einzusetzen, was in der Relativitätstheorie die Frage aufwirft, in welchem Bezugssystem diese Aussage gilt. Tatsächlich zeichnet aber das Kosmologische Prinzip eine «kosmische Zeit» aus, die von allen Uhren angezeigt wird, die selbst dem erwähnten Bewegungsmuster folgen.

Die isotrope Fluchtbewegung der Galaxien manifestiert sich am deutlichsten in der so genannten Rotverschiebung, bei der das von fernen Galaxien zu uns kommende Licht infolge der Raumausdehnung auseinander gezogen wird. Bis heute ist der genaue Wert der Expansionsrate – die so genannte Hubble-Konstante – unbekannt. Bekannt ist nur, dass diese systematische Bewegung von der Eigenbewegung der Galaxien infolge der auf kleinen Skalen vorhandenen Inhomogenitäten in der Materieverteilung überlagert wird. In Haufen von Galaxien kann diese Geschwindigkeit bis zu 1000 km/s betragen. Beobachtungen des *Hubble*-Weltraumteleskops ergeben eine Expansionsrate von 72 ± 8 km/s. Umgerechnet bedeutet dies, dass zwei Galaxien, die eine Million Lichtjahre voneinander entfernt sind, sich ungefähr mit einer Geschwindigkeit von 25 Kilometer pro Sekunde voneinander fortbewegen.

3. Atomare und subatomare Struktur der kosmischen Materie

Um die Stabilität von makroskopischen Himmelskörpern wie etwa Weißen Zwergsternen oder Neutronensternen zu verstehen, ist das Studium der elementaren atomistischen Struktur der Materie unerlässlich. Das Gleiche gilt auch für die frühe Phase der kosmischen Entwicklung. Das heutige Bild vom Aufbau der Materie unterscheidet Leptonen und Quarks. Während die «unteilbaren» Elektronen, die den Atomkern umkreisen und die Atomhülle zugleich prägen, den Leptonen zugerechnet werden, besteht der Atomkern selbst aus Protonen und Neutronen (Nukleonen), die ihrerseits aus kleineren Teilchen bestehen: den Quarks. Jedes Nukleon besteht aus jeweils drei Quarks. Dabei hat jedes Elementarteilchen eine ihm zugeordnete Masse sowie eine elektrische, eine schwache und eine starke Ladung; die vier Teilchen der ersten Familien sind Bestandteile der stabilen Materie.[28] Zwischen den Elementarteilchen bestehen Wechselwirkungen, die durch Feldquanten übertragen werden. Heute sind 12 verschiedene Elementarteilchen bekannt: 6 Quarks und 6 Leptonen, die sich in je drei «Familien» oder auch «Generationen» aufteilen. Von den Feldquanten der die Wechselwirkung vermittelnden Kraftfelder sind nur das Photon und das Graviton masselos, entsprechend der unendlichen Reichweite des Gravitationsfeldes und des elektromagnetischen Feldes. Die die kurzreichweitige starke und schwache Wechselwirkung vermittelnden Gluonen, W- und Z-Bosonen haben eine von null verschiedene Masse. Die Massen von Quarks, Leptonen und Feldquanten entstehen vermutlich durch Wechselwirkung mit skalaren Higgs-Feldern.[29]

4. Materie statt Antimaterie

Zwar dominiert im heutigen Kosmos die Materie über die Antimaterie, aber diese Gegebenheit ist nicht einfach zu verstehen, da bei der Erzeugung von Teilchen aus dem Vakuum unter der Einwirkung äußerer Kräfte stets Teilchen und Antiteilchen paarweise entstehen. Die Elementarteilchen und Antielementarteilchen haben beide die gleiche Masse und die gleiche mittlere Lebensdauer sowie den gleichen Spin, unterscheiden sich aber in ihren ladungsartigen Quantenzahlen. So hat ein Antielektron (=Positron) die entgegengesetzte elektrische Ladung zu einem Elektron. Angesichts der Tatsache, dass Teilchen und Antiteilchen bei Kontakt zerstrahlen und daher im frühen Universum Materie und Antimaterie in gleichen Mengen erzeugt wurden, ist es erstaunlich, dass sie sich bei Zusammenstößen nicht vollständig vernichtet haben, dass demzufolge das heutige Universum nicht ausschließlich mit Strahlung erfüllt ist.

Just dieser Überschuss an Materie und das Fehlen von Antimaterie lässt sich grundsätzlich durch zwei Möglichkeiten erklären: durch eine Symmetrieverletzung beim Zerfall von Elementarteilchen oder durch eine räumliche Trennung zwischen Materie und Antimaterie. Um diese Asymmetrie erklären zu können, stellte schon Andrej Sacharow 1967 drei Forderungen auf, die im heißen frühen Universum erfüllt gewesen sein mussten: Die Wechselwirkung der Teilchen musste die Erhaltung der Baryonenzahl sowie die C- und CP-Symmetrie verletzen, und die Evolution des Universums musste zur Entfernung aus dem thermischen Gleichgewicht führen. Quantitativ ist der Überschuss an Baryonen verknüpft mit der Größe «Entropie pro Baryon». Danach steckt der größte Teil der spezifischen Entropie S des Kosmos in der kosmischen Photonen-Hintergrundstrahlung. Das Verhältnis der Zahl der Photonen im Kosmos zur Zahl der Nukleonen beträgt eine Milliarde zu eins, d.h., auf ein Baryon kommen eine Milliarde Photonen. Dieser Wert impliziert, dass im frühen Kosmos Baryonen und Antibaryonen ungefähr gleich häufig waren, dass es aber einen winzigen Überschuss an Baryonen gegeben haben muss. Aus der paarweisen Annihilation der Baryonen und Antibaryonen und dem «Ausfrieren»[30] des Überschusses der übrig gebliebenen Nukleonen im Temperaturbereich um 10^{12} K resultiert das beobachtbare Photonen-Nukleonen-Verhältnis.

5. Häufigkeitsverteilung der chemischen Elemente

Bis auf den heutigen Tag sind mehr als 110 chemische Elemente bekannt. Die auf unserem Planeten vornehmlich vorhandenen Elemente (z.B. Silizium, Sauerstoff u.a.) täuschen über die tatsächlichen kosmischen Häufigkeiten hinweg. Zwar ist die direkte Beobachtung der Elementhäufigkeit theorieabhängig und nur schwer realisierbar, zumal der quantitative Anteil an schweren Elementen in Sternen davon abhängt, zu welchem Zeitpunkt der galaktischen Evolution diese im interstellaren Medium entstanden sind. Dennoch wissen wir, dass Sterne in der Regel etwa zu 70 Prozent aus Wasserstoff und zu

29 Prozent aus Helium bestehen, wobei sich das restliche Prozent auf andere Elemente wie Lithium, Uran (u.a.) verteilt. Mit anderen Worten: Circa 70 Prozent der Masse des Kosmos stellt das Element Wasserstoff. Gleichwohl zeigt sich, dass der Anteil von Deuterium und Helium nur wenig davon abhängig ist, wann ein Stern sich gebildet hat. Erklären lässt sich eine solche Beobachtung damit, dass der überwiegende Teil der Elemente Deuterium, Helium und Lithium bereits in der heißen Aufbauphase des Urknalls kreiert wurde. Alle anderen Elemente hingegen, die uns heute umgeben, wurden erst später im Innern der Sterne generiert, wo sich H-Atome in thermonuklearen Fusionsprozessen unter Freisetzung von Kernenergie in He-Atome umwandelten – und dabei Sterne zum Leuchten brachten sowie chemische Elemente bis hin zu Eisen bildeten. Höhere Elemente hingegen kristallisierten sich erst im Zuge von Supernovae-Ereignissen heraus, wenn beim Kollaps eines massereichen Sterns Neutronen frei wurden, die sich an vorhandene schwere Elemente anlagerten. Wie viele von jedem dieser Elemente in der heißen Anfangsphase des Universums geschaffen wurden, hing von der damaligen Expansionsrate, dem Zahlenverhältnis der Photonen N_{Ph} zu den Baryonen N_B und von der Halbwertszeit des freien Neutrons ab.[31]

Kosmische Alchemie

Im Wesentlichen gibt es drei Möglichkeiten der Synthese von chemischen Elementen, d.h. der entsprechenden Atomkerne, aus dem ursprünglich vorhandenen Wasserstoff und Helium bzw. den Elementarteilchen (Protonen, Neutronen, Elektronen, Photonen, Neutrinos etc.):

1) Primordiale Nukleosynthese ist die Erzeugung der leichten Elemente in der heißen Anfangsphase bei Temperaturen von ca. 10^9 K, einer Dichte von $n \approx 10^{20}\,cm^{-3}$.
2) «Normale» stellare Nukleosynthese, d.h. thermonukleare Fusion.
3) Explosive Nukleosynthese am Ende der Sternentwicklung in Supernovae-Ereignissen.

Fehlende oder Dunkle Materie?

So energiereich sich die kosmische Materie im elektromagnetischen Spektrum präsentiert – der bei weitem größte Teil der Materie gehört möglicherweise einer Schattenwelt an. Neben der in Sternen und Gasnebeln leuchtenden Materie kann bis zu 95,1 Prozent der Gesamtmasse unseres Universums aus Dunkler Materie und Dunkler Energie bestehen. Heute weisen viele aus verschiedenen Bereichen der Astrophysik kommende Beobachtungsdaten auf die Existenz nichtleuchtender Materie hin. Hierfür sprechen beispielsweise die Rotationskurven der Milchstraße und anderer Galaxien, aber auch die Dynamik von Galaxienhaufen, die nur zusammenhalten können, wenn der Galaxienhaufen sehr viel mehr Materie hat, als tatsächlich sichtbar ist. Aber auch die großräumige Bewegung (Geschwindigkeitsfelder) der Galaxien, die dem Hubble-Fluss überlagert ist, und nicht zuletzt die kosmologische Mikrowellen-Hintergrundstrahlung weisen auf das Vorhandensein der postulierten Dunklen Materie hin, deren wahre Natur derzeit noch ein Rätsel ist.

Physikalische Theorien, mit denen die nichtgravitativen Naturkräfte (Elektromagnetismus, schwache und starke Wechselwirkung) auf eine einheitliche «Superkraft» zurückgeführt werden, sagen die Existenz bislang unbekannter Elementarteilchen voraus. Dunkle Materie besteht danach aus Partikeln, die nicht der elektromagnetischen Wechselwirkung unterliegen. Sie können prinzipiell kein Licht ausstrahlen und nicht mit den Methoden der klassischen Astronomie nachgewiesen werden. Immerhin verrät sich die Dunkle Materie durch ihre Schwerkraft. Mittels des Gravitationslinsenphänomens[32] kann man die Realität dieser Materieform wenigstens indirekt nachweisen. Zur nichtleuchtenden baryonischen Materie gehören auch ausgebrannte Sterne, in denen die thermonuklearen Prozesse zum Erliegen gekommen sind. Darunter fallen Weiße Zwerge, Neutronensterne, Schwarze Löcher, Planeten und auch Sterne, deren Kernfusion aufgrund zu geringer Masse nicht in Gang kam (Braune Zwerge).

Von der Dunklen Materie ist die so genannte Dunkle Energie zu unterscheiden. Letztere hängt mit der Energiedichte des Vakuums zusammen und ist für die beschleunigte Expansion des Weltraums verantwortlich. In der Kosmologie wird die Dichte der verschiedenen Substanzen im Kosmos (baryonisch, leptonisch) häufig in Einheiten der so genannten kritischen Dichte angegeben, die durch die Expansionsrate bestimmt ist. Der Quotient dieser beiden Größen ist der Ω-Parameter, der das Verhältnis von potentieller zu kinetischer Energie darstellt.

Der Ω-Parameter

Das Verhältnis von mittlerer Dichte zu kritischer Dichte bezeichnet man als Dichteparameter Ω.

$$\Omega = \frac{\rho}{\rho_{\text{Krit}}}$$

Die kritische Dichte $\rho_{\text{Krit}} = \frac{3\,H_0^{\,2}}{8\pi G} = 1.9 \cdot 10^{-29} (\frac{H_0}{100})^2 \left[\frac{g}{cm^3}\right]$ ist ein Maß für die «kinetische Energie» der Expansion. (Wenn die kosmologische Konstante $\Lambda = 0$, dann ist ρ_{Krit} diejenige Dichte, bei der die Expansion des Universums durch die Gravitationskraft der normalen Materie immer weiter abgebremst wird, bis sie in einer unendlich fernen Zukunft zum Stillstand käme.)

Die Beobachtungen geben derzeit (mit Berücksichtigung des Anteils der virtuellen Materie) folgende Werte: $\Omega = 1.1 \pm 0.07$, wenn man die Beobachtung der kosmologischen Mikrowellen-Hintergrundstrahlung zur Grundlage nimmt und

Leuchtende Materie $\Omega_{m,0} = (0.0027 \pm 0.0014)\ h_0^{-1}$

Baryonische Materie $\Omega_{m,0} = (0.01 - 0.02)\, h_0^{-2}$

Leptonische Materie $\Omega_{m\nu,0} = h_0^{-2} \sum_{i=1}^{3} \frac{m_{\nu,i}}{93\ \text{eV}}$, wobei $h_0 = H_0/100$ und m_ν die mögliche Ruhemasse der Neutrinos bezeichnet.

6. Virtuelle Materie – Weltraumvakuum

Neben der realen kosmischen Materie ist der gesamte Weltraum durchdrungen von den virtuellen Teilchen des Quantenvakuums. Dieses unwirklich anmutende quantentheoretische Vakuum, das in Wirklichkeit von Paaren virtueller Teilchen[33] und Antiteilchen durchsetzt ist, besitzt eine von null verschiedene Energiedichte: die so genannte Vakuumenergie. Bezogen auf den Kosmos als Ganzes, kommt dieser Energie eine für die Expansionsdynamik entscheidende Bedeutung zu. Denn sie ist es offensichtlich, die die beschleunigte Expansion des Weltraums vorantreibt. In den kosmologischen Modellen wird die Vakuumenergie durch die so genannte kosmologische Konstante repräsentiert. Bislang ist allerdings der genaue Zusammenhang zwischen der kosmologischen Konstante und der Quantentheorie der Materie immer noch nicht geklärt.

Ausgehend von den Vorstellungen der Quantenfeldtheorie, wonach das gesamte Raum-Zeit-Kontinuum stets von Feldern erfüllt ist, bilden die virtuellen Teilchen-Antiteilchen-Paare bei der Abwesenheit von reeller Materie einen nichteliminierbaren Untergrund, der den Grundzustand (Vakuum) repräsentiert. Anders gesagt, lässt sich dem Vakuum keine Energie mehr entziehen,[34] da es den niedrigsten Energiezustand einnimmt und den Weltraum zudem homogen durchsetzt.

Eine weitere Modifikation der Vakuumenergie erfolgt durch die Higgs-Teilchen.[35] Gesetzt den Fall, derlei hypothetische massive Teilchen, die weder Spin noch Ladung haben, würden realer Natur sein, würden diese durch ihre Anwesenheit das quantenfeldtheoretische Vakuum modifizieren, und zwar radikal. In der Frühphase der kosmischen Entwicklung hätten diese sogar eine Phase exponentieller Expansion des Weltraums bewirkt und die Inflation bedingt.

IV. Raum

Man braucht in einer mondlosen, sternklaren Nacht nur den Kopf zu heben, um das Unmögliche leibhaftig vor Augen zu haben: einen Raum, dessen Unendlichkeit ebenso wenig vorstellbar ist wie seine Abgeschlossenheit. (Hoimar von Ditfurth)

1. Absoluter Raum und Newton'sche Kosmologie

Nirgendwo so sehr wie im Alltagsleben erfahren wir tagtäglich auf plastische Weise, dass wir in einer Welt leben, die drei Raumdimensionen und eine Zeitdimension hat. Unabhängig davon, wo und wann wir ein Rendezvous haben oder ein klassisches Konzert genießen – jedes Ereignis lebt von seiner Vierdimensionalität, wird erst durch die drei Koordinaten des Raumes und die Zeitkoordinate «real». Wissenschaftler, die das Universum beschreiben wollen, müssen daher vor allem auch plausible Annahmen über die Eigenschaften des Raumes machen, so wie dies Isaac Newton seinerzeit in den *Philosophiae naturalis principia mathematica* tat, als er den Begriff der absoluten Zeit und des absoluten Raums einführte. Danach ist die zeitliche Folge von Ereignissen und das Zeitmaß zwischen zwei Ereignissen weltweit und losgelöst von allen speziellen physikalischen Randbedingungen (Relativgeschwindigkeit, Schwerkraft etc.) festgelegt. In der Newton'schen Kosmologie hat der physikalische Raum drei Dimensionen und ist unendlich ausgedehnt, wobei die Abstände in ihm im Rahmen der euklidischen Geometrie beschrieben werden. Aus zeitlicher Sicht ist die Welt geschichtet in dreidimensionale Räume mit jeweils euklidischer Geometrie.

Bis zum Beginn des 20. Jahrhunderts wurden Raum und Zeit also als Gegebenheiten unabhängig von der Materie und ihren Wechselwirkungen angesehen. Nachher galt der absolute, leere Raum als homogenes und isotropes dreidimensionales Kontinuum, in dem die euklidische Geometrie galt. Sie formte das Universum zu einer Arena, in der sich das physikalische Geschehen abspielt.

2. Raumzeit-Geometrie der Minkowski-Welt

Entsprechend der Speziellen Relativitätstheorie hat die Raumzeit-Geometrie eine flache, d.h. eine pseudo-euklidische Struktur, während sie auf kosmologischer Skala eine gekrümmte pseudo-riemannsche Struktur aufweist. Es waren Albert Einstein (1879–1955) und Hermann Minkowski (1864–1909), die Raum und Zeit miteinander zur Raumzeit (mit einer pseudo-euklidischen Geometrie) verschmolzen. Das von einem Beobachter definierte Bezugssystem ist ein dreidimensionaler Raumschnitt durch die vierdimensionale Raumzeit. Derartige Raumschnitte bzw. «Perspektiven» gibt es beliebig viele, wie es beliebig viele relativ zueinander bewegte Beobachter gibt. Bezüglich jedes Weltpunktes und des mit ihm verknüpften Bezugssystems zerfällt die Raumzeit in einen raumartigen Bereich und zwei zeitartige Bereiche (Zukunft und Vergangenheit) – getrennt durch Vorwärts- und Rückwärtslichtkegel, wodurch zugleich die Kausalzusammenhänge geregelt sind. Zeitliche und räumliche Abstände für sich werden relativ – abhängig vom Bewegungszustand.

3. Der expandierende Weltraum – dynamische Geometrie

Nach den Gesetzen der Allgemeinen Relativitätstheorie ist die Geometrie des Raumes im Allgemeinen nicht mehr euklidisch. Die Verteilung von Materie und Energie deformiert die Raum-Zeit-Geometrie zu einem Riemann'schen Raum mit variabler Krümmung. Die Schwerkraft ist eine Widerspiegelung dieser Verbiegung der Raumzeit. In der Umgebung von Sternen und Planeten gilt demzufolge nicht mehr der Satz des Pythagoras, das heißt, die Gesetze der euklidischen Geometrie sind für den Raum in der Umgebung von Sternen und Planeten und im kosmischen Weltraum nicht mehr gültig.

Geometrie des Weltraums

Raumgeometrien unterscheidet man durch ihre Krümmung, insbesondere Räume konstanter Krümmung durch den Krümmungsskalar k:k = 0 bedeutet die Gültigkeit der euklidischen Geometrie (Winkelsumme in einem Dreieck ist gleich 180°, k = +1 kennzeichnet einen Raum mit sphärischer Geometrie [Winkelsumme > 180°], k = –1 entspricht einem Weltraum mit hyperbolischer Geometrie, Winkelsumme < 180°). U und F bedeuten den Umfang und die Fläche eines Kreises:

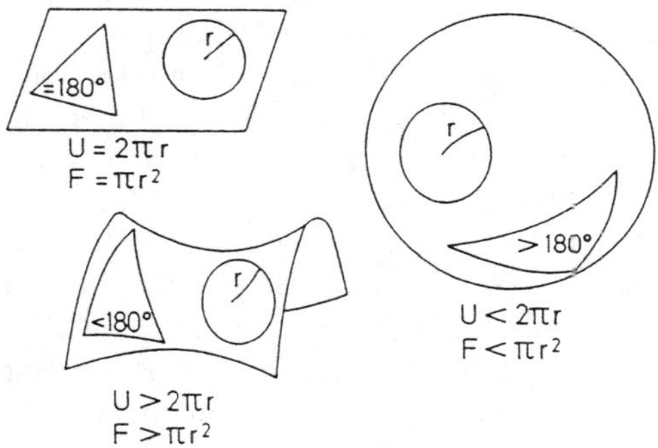

Während im ungekrümmten Raum zwischen der Oberfläche O und dem Volumen V einer Kugel die Beziehung $O^3 = 36\pi V^2$ gilt, ist bei positiver Krümmung $O^3 < 36\pi V^2$, bei negativer Krümmung $O^3 > 36\pi V^2$.

Die Krümmung des Weltraums wird nach der Allgemeinen Relativitätstheorie durch die Dichte der Materie, hier beschrieben durch den Dichteparameter Ω, bestimmt:

$$\frac{1}{H^2}\frac{kc^2}{R^2} = \Omega - 1$$

Demnach ist die Krümmung des kosmischen Raumes bestimmbar, wenn die den unterschiedlichen Komponenten des kosmischen Substrats entsprechenden Dichteparameter Ω bekannt sind. Aktuelle Messergebnisse der ESA-Raumsonde *Planck* ergeben einen Wert $\Omega_{total} = 1.0017 \pm 0.02$, d.h., die Geometrie des Weltraums ist fast perfekt euklidisch.

Die kosmische Geometrie ist dynamisch. Die beobachtete Fluchtbewegung der Galaxien ist Ausdruck der Dehnung des Raumes. Die geometrische Betrachtungsweise der ART sieht nicht die Galaxien, sondern den dreidimensionalen Raum zwischen ihnen als in allen Richtungen gleichmäßig, d. h. isotrop expandierend an. Das kosmische Koordinatensystem expandiert mit dem Universum. Es wird daher als mitbewegtes Koordinatensystem bezeichnet. Die Expansion wird durch den *zeit*-abhängigen Skalenfaktor R(t) beschrieben. In Modellen mit sphärischer und hyperbolischer Geometrie des Weltraums hat er auch die Bedeutung eines Krümmungsradius. Das Kosmologische Prinzip fordert, dass die Raumkrümmung im Mittel überall den gleichen Wert hat. Der Charakter der Krümmung, beschrieben durch den Krümmungsindex k, ist eine der Anfangsbedingungen der kosmischen Entwicklung und zeitlich nicht veränderlich, die Gauß'sche Krümmung $K(t)=k/R^2(t)$ hingegen schon.

Neben der Krümmung des Raumes und der Raum-Zeit-Geometrie ist die Frage nach der Dimension des Raumes ein insbesondere in der Stringkosmologie auftauchendes Problem. Superstringtheorien, die annehmen, dass die Elementarteilchen keine punktförmigen Objekte sind, sondern Anregungsformen fadenförmiger Objekte, sind in Räumen definiert, die mehr als drei Dimensionen haben. Da wir heute in einer kosmischen Umwelt mit drei Raumdimensionen leben, müssen die überzähligen Dimensionen auf einer subatomaren Skala eingerollt sein. Obwohl im täglichen Leben nicht spürbar und in der derzeitigen kosmischen Dynamik unwesentlich, sind sie möglicherweise dennoch experimentell zugänglich.

Entfernungen im expandierenden Kosmos

Die geometrische Struktur des Universums hat einen Einfluss auf die Strahlung, die wir von fernen Objekten empfangen. Daher können wir aus der Beobachtung ferner Galaxien und Quasare, ihrer scheinbaren Helligkeit, ihren beobachteten Durchmesser und die Anzahldichte Rückschlüsse auf Geometrie und Expansionsdynamik ziehen, vorausgesetzt, man kennt die wahren Helligkeiten, Durchmesser und die Entstehungsrate der Objekte. Lassen sich die Abstände Erde–Mond oder Distanzen innerhalb der Galaxis noch – wie in einem statischen Raum – berechnen, so versagt im extragalaktischen Raum die einfache Entfernungsbestimmung vollends, da «dort» der dynamische Charakter der Raumgeometrie zum Tragen kommt. So ist in einem expandierenden Raum die heutige Entfernung einer Galaxie, deren Licht uns jetzt erreicht, größer als in einem statischen Raum. In Räumen mit nichteuklidischer Geometrie, die darüber hinaus auch noch eine Expansion aufweisen, verliert der aus der euklidischen Geometrie gewohnte Abstandsbegriff.

Für die Vermessung des Universums benötigt man kosmische Objekte, deren absolute Leuchtkraft bekannt ist. Vergleichen Astrophysiker diese mit ihrer beobachteten scheinbaren Helligkeit, erhalten sie einen Entfernungswert, in der sich das Objekt befindet. Mit diesem Verfahren konnten in den letzten Jahren die Distanzen zu vielen Galaxien bestimmt werden, in denen Supernovae des Typs Ia aufleuchteten. Solche Supernovae sind verlässliche Einheitskerzen. Die Entfernungsbestimmungen ohne den Supernovatyp I a von Galaxien und Quasaren sind vermutlich noch mit erheblichen systematischen Fehlern behaftet, da die Entfernungsskala durch Messungen von scheinbaren Helligkeiten von Objekten festgelegt werden muss, deren absolute Helligkeiten aus Vergleichen mit ähnlichen Objekten in unserer näheren Umgebung bzw. in unserer Galaxis abgeschätzt werden müssen.[36]

Quantengeometrie

Die Annahme eines Raum-Zeit-Kontinuums ist im subatomaren Bereich wegen der Quantenfluktuationen der Geometrie vermutlich nicht mehr gerechtfertigt. Der Begriff der Raum-Zeit-Geometrie bzw. eines Raum-Zeit-Kontinuums ist aus der Perspektive einer Quantentheorie der Gravitation genauso sinnlos wie der Begriff der Teilchenbahn in der Quantenmechanik. Heuristische Überlegungen deuten an, dass die klassische Beschreibung der Raumzeit als Kontinuum, wie sie der Newton'schen Mechanik und der Speziellen und der Allgemeinen Relativitätstheorie zugrunde liegt, bei Abständen unterhalb der Planck-Länge versagt.

4. Urknall ad oculos: das Olbers'sche Paradoxon

Eng verwoben mit der Erstreckung des Raumes und einer dynamischen Geometrie ist das aus der Astronomie vielleicht bekannteste Paradoxon, das heutzutage in der Astrophysik gerne als Indiz für die Richtigkeit des Urknall-Modells angeführt wird[37] und das kurioserweise bereits im vorletzten Jahrhundert von einem Arzt und einem Kriminalbuchautor ausgefeilt wurde. Bei diesem in der wissenschaftlichen Literatur unter dem Namen «Olbers'sches Paradoxon» geläufigen Problem geht es um die profane Frage, wieso sich uns der Himmel Nacht für Nacht in samtener Schwärze präsentiert – kurzum, warum es jeden Abend dunkel wird. Obgleich schon Johannes Kepler (1571–1630) die nächtliche Dunkelheit als rätselhaft erachtete und obwohl sich der schweizerische Astronom Jean-Philippe de Loys de Chéseaux (1718–1751) mit diesem Phänomen erstmals eingehender beschäftigte,[38] schälte der Bremer Augenarzt und Astronom Heinrich Wilhelm Olbers (1758–1840) als Erster den Kern des Paradoxons auf publizistischer Ebene heraus,[39] bevor der englische Schriftsteller Edgar Allan Poe das Paradoxon gar literarisch auf den Punkt bringen sollte.

In seiner Abhandlung *Über die Durchsichtigkeit des Weltraums*, die 1823 im *Astronomischen Jahrbuch* veröffentlicht wurde, geht Olbers von einem räumlich und zeitlich unendlich großen Universum mit unermesslich vielen Sternen aus und folgert, dass der Nachthimmel deshalb eigentlich gar nicht dunkel sein dürfte. Wäre nämlich das Universum unendlich, statisch, homogen und wäre es mit unbeschreiblich vielen Sternen gleichmäßig erfüllt, müsste doch infolge dieser gleichförmigen Materieverteilung und seiner ohnehin isotropen Struktur jeder Beobachter an jedem Punkt des Firmaments einen hell leuchtenden Stern sehen. Bei einem unendlichen Universum mit unendlich vielen Sternen träfe jede Sichtlinie früher oder später auf einen Stern. Gleichgültig, wohin der Blick des Betrachters auch wanderte – am Himmel sähe er keine Lücke; für ihn erschiene dieser so hell wie die Oberfläche der Sonne.[40]

In der einschlägigen Literatur[41] wird das Olbers'sche Paradoxon oft in einer Waldanalogie umschrieben. Danach muss sich der Leser einen dicht bewachsenen Wald vorstellen, dessen Bäume allesamt weiß angestrichen sind. Auch wenn dieser Wald im Gegensatz zum Olbers'schen Universum endlich ist, träfe für jeden Betrachter jeder Blick irgendwann auf einen Baum, da jede Lücke von einem dahinter liegenden Baum ausgefüllt ist. Ergo präsentierten sich die weiß bemalten Bäume dem Beobachter aus größerer Distanz gar als geschlossene weiße Front.[42] Tatsächlich nimmt bei einem Stern mit zunehmender Entfernung die Helligkeit zusammen mit seinem Durchmesser kontinuierlich ab; gleichwohl wächst aber bei einer gleichförmigen Verteilung der Sterne am Himmel deren Anzahl mit steigender Distanz in der dritten Potenz an.

Um seine Idee von einem unendlichen Universum zu retten und das vermeintliche Paradoxon aufzulösen, führte Olbers die Existenz des dunklen Nachthimmels seinerzeit auf ein dünnes absorbierendes Medium in Form interstellarer Materiewolken zurück, die das Licht von sehr fernen Sternen entscheidend abschwächen würden, vergaß dabei aber, dass ein solches Gas im Weltraum selbst durch die Strahlung aufgeheizt und ebenso hell glühen würde wie die Sterne.[43] Dessen ungeachtet dürfte aber die zurzeit beste Erklärung für die Dunkelheit des Nachthimmels auf die einfache Feststellung hinauslaufen, dass im All schlichtweg nicht genug Energie vorhanden ist, weil die Leuchtdauer der Sterne und ihre Anzahl pro Volumeneinheit begrenzt sind.

V. Zeit

Jetzt wissen wir das Vergangene in Gestalt von Fakten und das Zukünftige in Gestalt von Möglichkeiten: Nur in einer expandierenden Welt gibt es eine faktische Vergangenheit. (Carl Friedrich von Weizsäcker)

1. Universelle Weltzeit

Was ist also Zeit?, stellte dereinst der große Philosoph der Spätantike Augustinus (354–430 n. Chr.) als rhetorische Frage in den Raum und lieferte die Auflösung sogleich mit. *Wenn mich niemand danach fragt, weiß ich es; will ich einem Fragenden es erklären, weiß ich es nicht.* Doch physikalisch gesehen ist Zeit nur ein Parameter, um Bewegungsabläufe zu beschreiben – und mathematisch gesehen nichts anderes als ein eindimensionales Kontinuum, das sich vom Raum prinzipiell durch seine chronologische Struktur: Vergangenheit, Gegenwart, Zukunft, unterscheidet. Dabei ist der Zeitpunkt der Gegenwart vor allen anderen ausgezeichnet – und die Richtung des Zeitablaufs nicht umkehrbar. Carl Friedrich von Weizsäcker hat diesen Aspekt einmal völlig zutreffend als «Geschichtlichkeit der Zeit» charakterisiert: Die Vergangenheit ist faktisch, die Zukunft ist möglich.[44]

Faktische Vergangenheit ist inzwischen auch der von Newton konzipierte Begriff der absoluten Zeit, der bis zum Beginn des 20. Jahrhunderts maßgebend für die Beschreibung von physikalischen Ereignissen war und womit alle Naturvorgänge sowohl im Hinblick auf die Zeitrichtung als auch das Zeitmaß auf die «wahre und absolute» Zeit bezogen werden konnten. Er ist ad acta gelegt worden und musste der Einstein'schen Zeitinterpretation Platz machen.[45]

Dabei entspricht die universelle Weltzeit t der Eigenzeit der mit der Expansion dahindriftenden Beobachter. Alle an ihren

Koordinaten (im mitbewegten System) festsitzenden Galaxien haben die gleiche Eigenzeit, die kosmische Zeit. Daher kann die Zeit, wie wir sie etwa mittels Erdrotation und Erdumlauf um die Sonne oder durch eine Atomuhr definieren, mit der kosmischen Weltzeit in Einklang gebracht werden. Somit können wir ziemlich einfach das zeitliche Verhalten des expandierenden Raumes studieren. Für alle kosmologischen Modelle, die mit einem überdichten Zustand (Singularität bzw. Urknall) beginnen, wird die kosmische Zeit auch als Friedmann-Zeit bezeichnet, wobei dem Urknall der Zeitpunkt t = 0 zugeordnet wird. Hinsichtlich dieser Weltzeit weisen alle klassischen Friedmann-Modelle einen absoluten Nullpunkt der Zeit auf. Bei Modellen, die mit einer Singularität beginnen, wird die Weltzeit also vom Urknall aus gezählt. Genau deshalb charakterisierte Friedmann die Singularität selbst als «Zeitpunkt der Erschaffung der Welt».[46]

2. Alter von Planeten, Sternen und Galaxien

Erde, Sonne, Sterne, Galaxis, Sternhaufen und Sternsysteme – die kosmischen Ingredienzen, die unserem Universum erst jene ästhetische Dimension verleihen, die irdische Teleskope in voller Pracht aufzulösen vermögen, können kausal gesehen nicht älter sein als das All selbst. Dies wussten auch Helmholtz und Kelvin, die beide das Abkühlalter der Erde auf 40 Myr (das Doppelte von Newtons Wert) bzw. das Leuchtalter der Sonne auf 50 Myr schätzten. Aber erst in den 1930er Jahren, nach der Entdeckung der Energiequelle der Sterne (Weizsäcker, Bethe), wurde der Grundstein für eine realistische Abschätzung des Alters und der Lebenserwartung von Sternen gelegt. Heutzutage verwenden Astronomen verschiedene Methoden und Techniken zur Altersbestimmung. So können diese beispielsweise mittels des radioaktiven Zerfalls von Uran, Blei etc. und des Zerfalls in Gesteinen (Erde, Mond) sowie Meteoriten auf das Alter der Erde bzw. des Sonnensystems rückschließen. Dabei ergibt sich das Alter aus der Differenz zwischen dem Zeitpunkt der Entstehung der schweren (radioaktiven) Elemente in

Supernovae-Explosionen und dem gegenwärtigen Status quo – sofern die heutige und anfängliche Häufigkeit bekannt ist. Aus solchen Messungen schließen die Forscher, dass die ältesten Gesteine auf der Erde etwa 3,7 Milliarden oder die Meteoriten sogar 4,57 Milliarden Jahre alt sind. Übertragen auf die Galaxis kommt man so zu einem wahrscheinlichen Alter von 14 Milliarden Jahren, obgleich dabei der Bereich von 10 bis 20 Milliarden Jahre nicht gänzlich ausgeschlossen werden kann. Die Unsicherheiten sind begründet in kernphysikalischen Daten und verschiedenen Annahmen über die Entwicklung des Milchstraßensystems.

Zu den ältesten Objekten in unserer Galaxis gehören die Kugelsternhaufen. Sie enthalten nur einen sehr geringen Anteil an schweren Elementen und sind nahezu sphärisch um die Milchstraße verteilt. Die Beobachtungen mit dem europäischen Hipparcos-Satelliten von 1989 bis 1993 haben die Datenbasis für diese Analyse deutlich verbessert und das abgeleitete Alter der Kugelsternhaufen gegenüber vorherigen Analysen verringert. Es liegt nun im Bereich von 12 ± 4 Milliarden Jahren.

Das Alter der Kugelsternhaufen, die aus einigen hunderttausend Sternen bestehen, können Astronomen aus der Verbindung von Beobachtungen mit den Berechnungen der Sternentwicklung abschätzen. Die ältesten Kugelsternhaufen zeichnen sich durch eine sehr geringe Häufigkeit der «schweren» Elemente (z. B. Kohlenstoff, Stickstoff, Sauerstoff) aus. Das zeigt, dass sie sich aus fast primordialem Gas (Wasserstoff + Helium) gebildet haben müssen, da im kosmologischen Standardmodell die schweren Elemente erst durch Kernfusion in massereichen Sternen generiert wurden, die ihre angereicherte Materie durch Supernovae-Explosionen wieder an das interstellare Gas abgegeben haben. Aus diesem Gas haben sich dann spätere Sterngenerationen gebildet. Unsere Sonne ist ein Stern dritter Generation. Als optimaler Wert für das Alter der ältesten Kugelsternhaufen kann 17 (± 4) Milliarden Jahre angesehen werden.

3. Expansionsalter

Die Expansion des Weltraums, ablesbar an dem Auseinanderdriften der Galaxien, lässt auf ein endliches Alter des Kosmos schließen, das durch $t \leq 1/H_0 \approx (13–20) \cdot 10^9$ Jahre nach oben beschränkt wird. Bei bekannter Dichte der realen und virtuellen Materie und der gegenwärtigen Expansionsrate, dem Hubble-Parameter, lässt sich die seit dem Anfang der klassischen Epoche verstrichene Zeit – das Weltalter – bestimmen.

Wenn wir annehmen, dass sich unsere Galaxis schon sehr früh nach dem Urknall gebildet hat, brauchen wir zur Bestimmung des Weltalters lediglich zum Alter unserer Galaxis die Zeitdauer zu addieren, die minimal für die Bildung einer Galaxie aus einer primären Dichteschwankung anzusetzen ist.

Alter der Himmelskörper und des Kosmos

- Erde: 4.5 Milliarden Jahre
- Sonne: 4.7 Milliarden Jahre
- Galaxis: 11–20 Milliarden Jahre
- Kugelsternhaufen > 11–16 Milliarden Jahre
- Aus dem Thorium-Uran-Verhältnis in Meteoriten: (20.8 ± 3) Milliarden Jahre
- Aus dem Thorium-Europium-Verhältnis in Sternspektren: (12.5 ± 3) 1 Milliarde Jahre
- Abkühlung von Weißen Zwergen: > ca. 10 Milliarden Jahre
- Alter des Universums: t_0 = 13–20 Milliarden Jahre

Die Bestimmung des Alters des Sonnensystems geschieht mittels langlebiger Radionuklide: Bei Kenntnis der Sternentwicklung, der Bildung des Sonnensystems und des Alters planetarer Körper ergibt sich dann ein Alter des Universums als Summe t_U = Dauer der stellaren Nukleosynthese + Dauer der Isolation des Sonnensystems von der interstellaren Materie + Alter der Planeten und Monde. Die Zeit t_U ist eine untere Grenze für das mit anderen kosmologischen Parametern bestimmte Alter der Welt: $t_U < t_0$.

Diese zusätzliche Zeitdauer wird üblicherweise mit einer Milliarde Jahre bemessen. Eine spätere Entstehungszeit der Milchstraße ist aber nicht ausgeschlossen, so dass man realistisch mit einer Zeitspanne von ca. 1 bis 5 Milliarden Jahren rechnen muss. Unter diesen Voraussetzungen wäre das Alter des Kosmos $t_0 = (15–18) \cdot 10^9$ Jahre.

4. Richtung der Zeit

Die zeitliche Anisotropie der seit dem «Urknall» expandierenden Weltmodelle ist schon früh als Grund für die eindeutige Definition der Zeitrichtung von der Vergangenheit in die Zukunft vermutet worden.[47] Die grundlegenden Naturgesetze zeichnen keine Zeitrichtung aus. Dem steht gegenüber, dass die Naturvorgänge, z.B. Temperaturausgleich, Ausstrahlung von Lichtwellen von einem Stern etc., Vorgänge sind, die nur in eine zeitliche Richtung ablaufen. Interessanterweise sind die Lösungen der Friedmann-Lemaître-Gleichung zeitsymmetrisch. Die Irreversibilität der Geschichte des Kosmos kommt erst durch das Zusammenwirken von Expansion und der Thermodynamik der Materie und ihrer Wechselwirkungen zustande. Ob die Expansion des Kosmos für die Richtung der Zeit allein verantwortlich ist und die Zeitsymmetrie die grundlegenden Naturgesetze bricht, sind offene Fragen.

VI. Friedmann-Lemaître-Weltmodelle

Ein Gesamtbild der Welt, ... das an die wirkliche Welt nur so viel erinnert, wie ein trübes Spiegelbild einer Skizze des Kölner Doms den Dom selbst ins Gedächtnis rufen kann. (Alexandrowitsch Friedmann)

1. Gravitation – Seele des Weltalls

Im Rahmen der Allgemeinen Relativitätstheorie ist das Phänomen der Gravitation eine Folge der Deformation bzw. Verkrümmung der Raum-Zeit-Geometrie. Raum und Zeit bilden keine starre Arena, in der alle Objekte und Prozesse ablaufen. Vielmehr übt die von der Energiedichte deformierte Raum-Zeit-Geometrie auf Materie und Kraftfelder Wirkungen aus – und zu diesen Wirkungen gehört auch die Schwerkraft.[48] Wegen ihrer großen Reichweite, ihrer Universalität – die Schwerkraft wirkt zwischen Materie und Energie aller Art – und der Tatsache, dass es nur positive Gravitationsladungen gibt, ist sie im wahrsten Sinne des Wortes elementar für die Struktur und Entwicklung des Kosmos als Ganzes. Umso überraschender ist die Gegebenheit, dass die Gravitation einerseits in atomaren Dimensionen etwa 10^{38}-mal schwächer als die elektromagnetische Kraft und etwa 10^{40}-mal schwächer als die Kernkraft ist, andererseits kraft ihrer rätselhaften Anwesenheit auf die großräumige Struktur und Dynamik des Universums «gravierenden» Einfluss hat.[49] Schließlich ist sie es, die im Zusammenspiel mit den subatomaren Kräften und der elektromagnetischen Wechselwirkung den Aufbau und die Entwicklung von Sternen, die Stabilität und Struktur von Neutronensternen und Weißen Zwergen bestimmt und somit alles Materielle beseelt.

2. Relativistische Kosmologie

Als Grundlage der modernen Kosmologie gelten Einsteins ART und die Quantenfeldtheorie. Vorausgesetzt wird dabei, dass die «lokal geprüften» physikalischen Gesetze universell gültig sind, auch jenseits unseres Horizontes der Erfahrbarkeit. Durch Spezifizierung eines Materiemodells für das kosmische Substrat und die Vorgabe von Anfangsbedingungen wäre das Ziel der Kosmologie die deduktive Ableitung der beobachteten Strukturen des Universums. Aber weder sind uns die Anfangsbedingungen bekannt, noch wissen wir, wie es zu diesem Anfangszustand kam. Der einzige uns offen stehende Weg ist der der Rückextrapolation gegebener Beobachtungsdaten im Rahmen eines angenommenen Modells und/oder die Annahme von Anfangs- und Randbedingungen (z.B. Symmetrien, plausiblen Zustandsgleichungen etc.), deren Konsequenz unter Berücksichtigung der Theorie berechnet und durch Konfrontation mit der Erfahrung geprüft wird.

Bei der Konstruktion kosmologischer Modelle geht man von der durch die Beobachtung gestützten Annahme der großräumigen Homogenität aus (Isotropie um jeden Punkt). Man gelangt auf diese Weise zu den Friedmann-Lemaître-Modellen. Die kosmische Raumzeit ist «geschichtet» in eine Folge von expandierenden Räumen (dreidimensionalen Hyperflächen), die von den Weltlinien der Galaxien orthogonal durchsetzt werden. Bei dieser Idealisierung vernachlässigt man die Eigenbewegungen der Galaxien. In einer solchen vierdimensionalen Sichtweise entspricht die Flucht der Galaxien einem Bündel von geodätischen Weltlinien (Weyl'sches Prinzip), die keinen Punkt gemeinsam haben, mit Ausnahme der Anfangssingularität. Bei der Modellierung der Materieverteilung orientiert man sich an der kinetischen Theorie der Gase: Die Materie wird ersetzt durch ein Gas, in dem die Galaxien die Rolle der Atome, die Haufen von Galaxien jene der Moleküle haben. Damit hat man das kosmische Galaxiengas durch ein kontinuierliches kosmisches Substrat ersetzt. Es zeigt sich, dass in dem ganzen instrumentell erfassbaren Bereich die mittlere kosmische Dichte dieses Mediums räumlich konstant ist (homogenes Weltall) und nicht von der Richtung abhängt (isotropes Weltall). Die beste Evidenz dafür ist die Isotropie der kosmischen Mikrowellen-Hintergrundstrahlung und auf einer Skala von 100 Millionen Lichtjahren auch die Verteilung von Galaxien und Galaxienhaufen.

Diese idealisierte Beschreibung stößt an ihre Grenzen in der Frühzeit des Kosmos. Vor der Entstehung von Galaxien muss man die Galaxien durch Atome bzw. Elementarteilchen ersetzen. Wenn der räumliche Abstand benachbarter Weltlinien der Elementarteilchen kleiner oder gleich der «de-Broglie-Wellenlänge» wird, ist eine quantentheoretische Beschreibung notwendig. Diese Schwelle wird bei einer Zeit von $t = 10^{-23}$ s erreicht. Die Grenze der klassischen Beschreibung von Raum und Zeit wird erreicht zur Planck-Zeit $t = 10^{-43}$ s, wenn die Quantenfluktuationen der Raum-Zeit-Geometrie nicht mehr vernachlässigt werden können.[50]

3. Expansionsdynamik kosmologischer Modelle

Die theoretische Voraussetzung zur Berechnung der Expansionsdynamik bilden die Friedmann-Lemaître-Lösungen der Einstein-Gleichungen. Die Friedmann-Lemaître-Gleichungen[51] verknüpfen die Raumkrümmung mit der Energiedichte der Materie- und Strahlungsfelder und der Rate der kosmischen Ausdehnung. Zur Lösung der Einstein'schen Feldgleichungen werden uns aus der Beobachtung die folgenden Zusatzannahmen nahe gelegt:

- Das Universum ist räumlich isotrop: Es gibt keine ausgezeichnete Richtung. Diese Annahme wird gestützt durch die Isotropie der Hintergrundstrahlung. Isotropie in jedem Punkt impliziert räumliche Homogenität.
- Räumliche Homogenität: Im Universum ist kein Ort ausgezeichnet. Die Strukturierung des Weltalls von Sternen bis hin zu Galaxien-Superhaufen, zwischen denen sich große Leerräume mit Durchmessern von 10 bis 50 Mpc befinden, scheint dieser Bedingung zu widersprechen. Nach dem derzeitigen Stand der Beobachtung kann

Expansion des Weltraums – Skalenfaktor des Kosmos

Mit aktuellen Parametern ergeben sich für den zeitlichen Verlauf des Skalenfaktors folgende Weltlinien

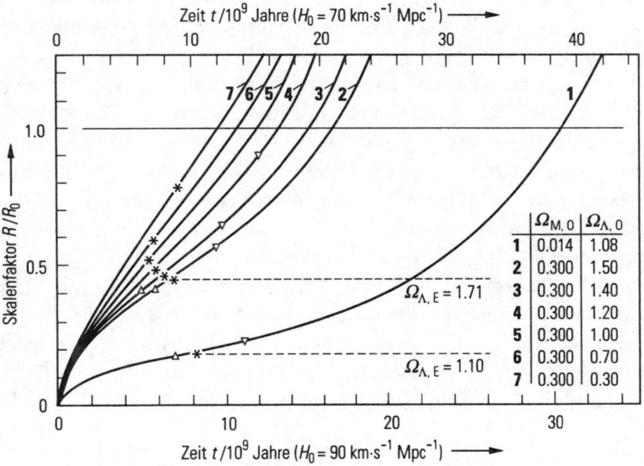

Entwicklung des kosmologischen Skalenfaktors R(t) (normiert auf $R_0 \approx \frac{c}{H_0}$) als Funktion der Zeit in verschiedenen Weltmodellen.

Die Tabelle rechts unten gibt die Modell-Parameter

$$(\Omega_{m,0}, \Omega_{\Lambda,0} = \lambda_0)$$

wieder (nach Overduin und Priester, 2001). Die aktuellen Ergebnisse der ESA-Raumsonde *Planck* favorisieren folgende Werte für die Parameter des Friedmann-Lemaître-Modells: Ω_{total} = 1.0017 ± 0.02, $\Omega_\Lambda = \Omega_{DE}$ = 0.683, Ω_B = 0.0492, Ω_{DM} = 0.2695, t_0 = 13.8 ± 0.0069 Milliarden Jahre.

man aber auf Skalenlängen größer als etwa 100 Mpc mit hinreichend homogener Materieverteilung rechnen. Die Annahme von räumlicher Homogenität und Isotropie wird auch als Weltpostulat oder Kosmologisches Prinzip bezeichnet.

- Die dritte Annahme wird durch die Rotverschiebung entfernter Galaxien und Quasare nahe gelegt: Das Universum expandiert. Aufgrund der Homogenität ist die Expansionsrate an jedem Punkt des Universums gleich.

- In Modellen mit verschwindender kosmologischer Konstante Λ wird die Expansionsrate durch die Energiedichte gravitierender Teilchen bestimmt. Sie setzt sich aus mehreren Anteilen (Baryonen, Photonen, Neutrinos usw.) zusammen, von denen heute die Materie (Teilchen mit Ruhemasse $m_0 \neq 0$) energetisch dominiert. Somit leben wir in einer materiedominierten Epoche, kurz Materiekosmos genannt. Der Druck, sowohl von den Eigenbewegungen der Galaxien – die Gesamtheit der Galaxien als ein Gas approximiert – als auch der intergalaktische Gasdruck, kann im Materiekosmos vernachlässigt werden ($p \ll \rho c^2$). In Modellen mit positiver kosmologischer Konstante wird die Expansionsrate nach einer charakteristischen Zeit nicht mehr von normaler leptonischer oder baryonischer Materie bestimmt, sondern durch die Energiedichte der virtuellen Teilchen des Quantenvakuums.
- Zur Lösung der Einstein'schen Gleichungen ist die Kenntnis der Zustandsgleichungen des kosmischen Substrates notwendig. Bei einer mikroskopischen Beschreibung wird die Art der Elementarteilchen betrachtet, ihre Temperaturen und Energien, ihre Verteilungsfunktion und die Wechselwirkungen untereinander.

4. Strahlungs- und Materiekosmos

Es ist ein Charakteristikum der relativistischen Weltmodelle, dass sich die elektromagnetische Strahlung und die Materie im Lauf der Expansion unterschiedlich schnell ausdünnen. Es existiert daher ein Zeitpunkt der kosmischen Entwicklung, an dem der Übergang vom strahlungsdominierten in ein materiedominiertes Weltall stattfindet. Die heute beobachtbare kosmische Mikrowellen-Hintergrundstrahlung ist zu dieser Zeit, ca. 400 000 Jahre nach dem Anfang, freigesetzt worden. Damals entstanden auch die ersten Wasserstoff- und Helium-Atome, und das Universum wurde durchsichtig. Seither ist das Spektrum der Strahlung aufgrund der Expansion zu immer tieferen Frequenzen verschoben worden. Heute entspricht es dem Planck-Spektrum eines thermischen Strahlers der Temperatur 2.73 K.

Die Existenz der Mikrowellen-Hintergrundstrahlung ist unter der Voraussetzung, dass Sterne und Galaxien keinen nennenswerten Beitrag von Photonen geliefert haben, die Grundlage für die Hypothese der heißen Frühgeschichte des Kosmos. Diese wiederum bildet die Grundlage für die Berechnungen zur primordialen Nukleosynthese. Die 3-K-Strahlung mit ihrer Planck'schen Intensitätsverteilung ist also letztlich ein Relikt aus einer extremen Frühphase kosmischer Entwicklung.

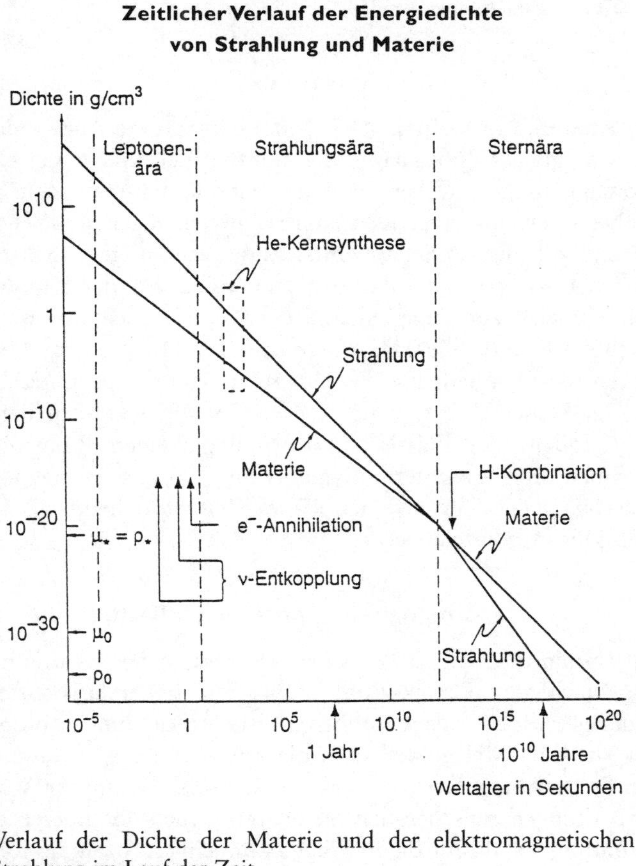

Verlauf der Dichte der Materie und der elektromagnetischen Strahlung im Lauf der Zeit.

VII. Geschichte des Kosmos

Wenn die Zeiten fließen und durch keine Abschnitte gegliedert würden, könnten die Zeiten zwar fließen und vorübergehen, aber sie könnten von den Menschen nicht verstanden und unterschieden werden. (Augustinus 354–430 n. Chr.)

1. Fiat Lux

Im Anfang war es dunkel – jedenfalls für unsere Augen, denn die Energie der Photonen und damit die Wellenlänge der elektromagnetischen Wellen, die in kosmo-archaischer Zeit den frühen Weltraum regelrecht durchfluteten, lagen jenseits der Sensibilität unseres Sehapparats. Anders als im gegenwärtigen kalten Universum, wo die lokale Energiedichte der Strahlung im Vergleich zur Energiedichte der Materie klein ist, ist die Frühphase ausschließlich durch die Strahlungsenergie oder durch die Energiedichte des Quantenvakuums bestimmt. Erst ab der Planck-Zeit $t_{Pl} = (hG/c^5)^{1/2} = 5 \cdot 10^{-44}$ Sekunden liefern die Modelle der klassischen Kosmologie einen Raum-Zeit-Rahmen und die thermodynamischen Voraussetzungen für dieselbige. Die Zeit vor der Planck-Zeit wird heute als Pre-Big-Bang-Ära bezeichnet.[52]

2. Kosmologische Epochen – Inflation

Im Standardmodell ist das ganze Universum bereits unmittelbar nach der Planck-Zeit erfüllt von hochrelativistischen Quarks, Antiquarks, Leptonen, Antileptonen und Photonen. Im «heißen» Weltmodell wird die kosmische Entwicklung als ein Prozess aufgefasst, in dem etappenweise bestimmte Wechselwirkungen zwischen den Elementarteilchen dominieren und aufhören, sobald für die in Frage kommenden Arten die Reaktionsrate kleiner ist als die Expansionsrate (Entkopplung = Ausfrieren).

Planck-Dimensionen – Planck-Epoche: Schwelle der klassischen Kosmologie

Die Grundlagen der modernen Kosmologie sind Einsteins Allgemeine Relativitätstheorie (ART) und die Quantentheorie. Die ART stößt an die Grenzen ihrer Anwendbarkeit dort, wo eine Quantentheorie der Gravitation erforderlich würde. Man kann die Grenze abschätzen durch Gleichsetzen der de-Broglie-Wellenlänge h/mc eines Teilchens mit seinem Schwarzschild-Radius $R = 2\ Gm/c^2$. Unter Fortlassung des Faktors 2 erhält man die nach Max Planck (1899) benannten Grenzwerte für die Beschreibung des Kosmos mithilfe der klassischen Physik:

Planck-Zeit $t_{Pl} = (hG/c^5)^{1/2} = 5 \cdot 10^{-44}$ Sekunden

Planck-Länge $L_{Pl} = \left(\frac{hG}{c^3}\right)^{\frac{1}{2}} = 1.6 \cdot 10^{-33}$ Zentimeter

Planck-Dichte $\rho_{Pl} = c^5/hG^2 = 5 \cdot 10^{+92}\ g/cm^3$

Planck-Temperatur $T_{Pl} = \sqrt{\frac{hc^5}{Gk^2}} = 1.417 \cdot 10^{32}\ K$

Planck-Energie $E = \sqrt{\frac{hc^5}{G}} = 5 \cdot 10^9\ J = 10^{19}\ GeV$

Die Planck-Parameter kombinieren die Lichtgeschwindigkeit c, die Planck-Konstante h, die Gravitationskonstante G und die Boltzmann-Konstante. Angewandt auf den Kosmos bedeuten diese Größen, dass bei einer Dichte von ρ_{Pl} und einer Temperatur von T_{Pl} und beim Unterschreiten von L_{Pl} die Wechselwirkung von Materie und Gravitation nur im Rahmen einer künftigen quantisierten Gravitationstheorie verstanden werden kann.

Die mit der kosmischen Expansion einhergehende zeitliche Abnahme der Energiedichte bestimmt zu jeder Zeit und wegen der vorausgesetzten Homogenität des Kosmos auch an jeder Stelle die physikalischen Bedingungen, die für die Existenz und die Häufigkeit der jeweils vorkommenden unterschiedlichen Materie- und Feldquanten verantwortlich sind. Die Expansion des Universums ist streng genommen ein Nichtgleichgewichtsvorgang. Die Annahme eines thermodynamischen Gleichgewichts für das kosmische Substrat ist nur gerechtfertigt, weil wegen der hohen Dichten und Temperaturen die Relaxationszeiten klein sind und weil die Wirkungsquerschnitte für Elementarteilchen nur schwach an Energie abnehmen. Durch die mit der Expansion verbundene Abkühlung kommt es zur Verschiebung der Reaktionsgleichgewichte, wenn die Erzeugungsprozesse die Zerfalls- bzw. Annihilationsprozesse nicht mehr kompensieren können. Bei der durch die Expansion des Weltraumes verursachten adiabatischen Abkühlung des Elementarteilchenplasmas[53] wird die Folge Gleichgewichtszustand, dynamisches Nichtgleichgewicht und schließlich der «eingefrorene Nichtgleichgewichtszustand» sukzessive von allen Freiheitsgraden der Materie in einer im Wesentlichen durch die Anregungsenergien bestimmten Ordnung durchlaufen. Die charakteristischen Energieskalen der Elementarteilchen, Atome und Moleküle haben ihr Abbild in den Zeitskalen der Geschichte des Universums.

Für Zeiten $t > t_{PL} = 5.4 \cdot 10^{-44}$ s kann die Dynamik der Materie hydrodynamisch oder quantenmechanisch auf einem mit der Allgemeinen Relativitätstheorie beschreibbaren geometrischen Hintergrund formuliert werden. In der unmittelbar auf die Planck-Epoche folgenden Phase bestand die Materie aus einem Gemisch verschiedener Sorten von Elementarteilchen. Die Energie aller im jeweiligen momentanen Gleichgewicht befindlichen Teilchen betrug anfänglich $E = 10^{19}$ GeV. Da dieser Betrag nicht nur weit über der Ruhemasse aller Teilchen, sondern auch oberhalb der die Wechselwirkungen vermittelnden Feldquanten lag, waren Quarks, Leptonen, Photonen sowie W-, Z- und X-Bosonen gleichberechtigt und konnten sich frei ineinander umwandeln. Der Kosmos ist strahlungsdominiert und expandiert räumlich gemäß $R(t) \sim t^{1/2}$, so dass seine Temperatur wie $T \sim 1/t^{1/2}$ fällt. Die Paarzeugung ist physikalisch nur möglich, wenn die beteiligten Teilchen (z. B. Photonen) in der Lage sind, die Ruheenergie $E = 2mc^2$ des entsprechenden Materie-Antimaterie-Paares mit Ruhemasse 2 m aufzubringen. Drücken wir diese Energieforderung durch die äquivalente Temperatur gemäß $kT = h\nu = 2mc^2$ aus, so folgt, dass für die Erzeugung von Proton-Antiproton- bzw. Neutron-Antineutron-Paaren eine Minimalenergie von ca. 1 GeV[3], das entspricht einer Minimaltemperatur von etwa 10^{13} K, erforderlich ist. Da das Massenspektrum der freien Quarks und Antiquarks in dem Energiebereich zwischen 1 MeV und 40 GeV liegt, gilt für deren Erzeugung eine benötigte Minimaltemperatur von etwa 10^{10} K für die leichtesten Quarkpaare bis etwa 10^{14} K für die schwersten Quarkpaare. Alle Kräfte, die zwischen den verschiedenen materiellen Teilchen wirken, waren gleich stark. Es herrschte maximale Symmetrie, und alle Teilchen bewegten sich mit extrem hohen Geschwindigkeiten. Im Zuge der Expansion kommt es zur Verminderung der am Anfang im Kosmos realisierten Symmetrie. Die wesentlichen Symmetriebrechungen erfolgten nach 10^{-33} Sekunden, als die Energie von 10^{14} GeV der Masse der X-Bosonen entsprach, sowie nach 10^{-10} Sekunden bei etwa 100 GeV, vergleichbar mit der Masse der $W^{\pm}$- und Z^0-Bosonen, was zur Separation zwischen schwacher und elektroschwacher Kraft führte. Diese spontanen Symmetriebrechungen erklärt man damit, dass der Untergrund, d.h. das quantenmechanische Vakuum, in dem die Kräfte wirken, durch die speziellen Eigenschaften der Higgs-Felder[54] seine Symmetrie bei Unterschreitung bestimmter Energien verliert.

Zwischen Planck- und Compton-Zeit: Inflation

Die Welleneigenschaften der Elementarteilchen müssen berücksichtigt werden, wenn das Universum ein Alter von ca. 10^{-23} Sekunden (= Compton-Zeit) hat.

Bei der Planck-Zeit, das heißt 10^{-43} Sekunden nach dem Anfang (Urknall), ist die Grenze unserer gegenwärtigen Beschreibungsmöglichkeit erreicht. Innerhalb des Zeitintervalls zwischen der Planck-Zeit (10^{-43} Sekunden) und der Compton-Zeit (10^{-23} Sekunden) erfolgt eine erste Symmetriebrechung, die zur Entkopplung der starken und elektroschwachen Wechselwirkung führt. Im Rahmen der modernen *Eichfeldtheorien* der Elementarteilchen und ihrer Wechselwirkungen (z.B. Große Vereinigungstheorien GUT) verleiht die Anwesenheit von Higgs-Feldern dem kanonischen Quantenvakuum zusätz-

Expansion im sehr frühen Kosmos

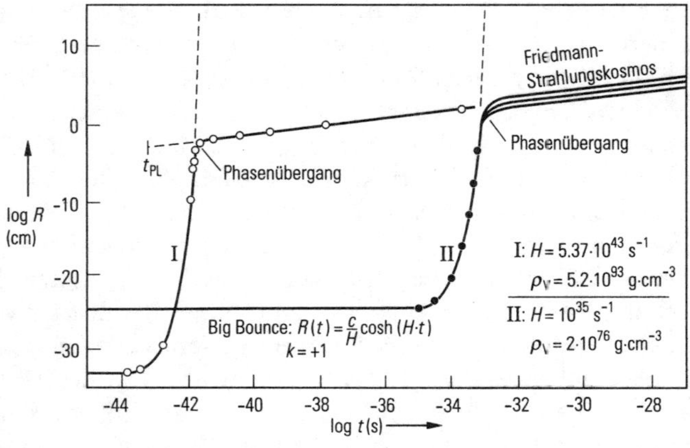

Anwachsen des Skalenfaktors R(t) während der primordialen Inflation. Beide Modelle I und II münden nach einer Phase exponentieller Expansion in einen geschlossenen, strahlungsdominierten Friedmann-Lemaître-Kosmos – allerdings zu unterschiedlichen Zeiten: Modell I noch vor der Erzeugung der Monopole. Damit entfällt bei diesem Modell die Möglichkeit, durch die inflationäre Expansion die Monopole auf eine mit den heutigen Beobachtungen verträgliche Dichte zu verdünnen. Bei Modell II beginnt nach vorheriger Implosion bei einem minimalen «Radius» (ca. 10^8 Planck-Längen) die Expansionsphase; dagegen markiert bei Modell I die Planck-Länge den Beginn, an den sich sofort eine exponentielle Expansion anschließt.

lich eine komplizierte innere Struktur. Sie zeigt sich im Auftreten einer energetisch labilen Phase, deren latente Energie im sehr frühen Kosmos bei den mit der Symmetrieverminderung verbundenen Phasenübergängen in Elementarteilchen übergeführt wird. Während des Phasenüberganges muss die Energiedichte des Higgs-Feldes um viele Zehnerpotenzen absinken. Es ist vor allem völlig ungeklärt, ob diese Energiedichte heute auf exakt *gleich null* abgesunken ist oder mit einem nicht verschwindenden Rest $\varepsilon_H = \rho_H \cdot c^2$ mit dem Druck $p_H = -\varepsilon_H$ zusätzlich zum kanonischen Quantenvakuum beiträgt und in Gestalt der kosmologischen Konstanten die heutige beschleunigte Expansion bewirkt. Während dieses Zeitabschnitts kommt es zu einer exponentiellen Ausdehnung des Weltraums (Inflation). Dadurch verdünnt sich die primordiale Materie auf eine extrem kleine Dichte. Ob die Inflation eine «exakt euklidische» oder «nahezu euklidische» Raumstruktur vorhersagt, ist von freien Parametern in der Inflationstheorie abhängig. 1988 zeigten M. S. Madsen und G. F. R. Ellis, dass ein Dichteparameter $0.01 \leq \Omega_0 \leq 2$ durchaus mit den Aussagen des inflationären Szenariums konsistent ist.[55] Die Forderung eines flachen oder sphärisch gekrümmten Universums bedeutet, dass zu dem verallgemeinerten Dichteparameter neben der baryonischen Materie auf jeden Fall auch eine kosmologische Konstante und/oder nichtbaryonische Dunkelmaterie beitragen muss.

Das inflationäre Modell löst nicht wirklich das Problem des Anfangszustandes des Kosmos zur Planck-Zeit. Allerdings werden einige Probleme des klassischen Standardmodells der Kosmologie, wie z. B. das Bestehen kausaler Horizonte, die Abwesenheit magnetischer Monopole, der Ursprung von prägalaktischen Dichte-Fluktuationen und die nahezu euklidische Raumgeometrie, durch das inflationäre Szenario überwunden. Unabhängig davon erweist sich eine inflationäre Expansion als notwendig, wenn der Kosmos als Mini-Universum mit Planck-Dimensionen begann, um die heutige Ausdehnung und Expansionsrate zu ermöglichen.

Entstehung der realen Materie

Quantentheorie und Relativitätstheorie erlauben die Vorstellung der spontanen Bildung von materiellen Teilchen-Antiteilchen-Paaren. Damit verknüpft ist dann aber die Frage, ob und wie sich später Materie und Antimaterie separieren konnten oder ob sich durch die fast völlige Zerstrahlung (Annihilation) von Teilchen und Antiteilchen vor allem die Zahl der Photonen erhöhte. Die in der Frühzeit der Welt mögliche Erzeugung von Teilchen durch gravitative Wechselwirkung bedeutet aber nicht Schöpfung aus dem «Nichts», sondern die Realisierung von Teilchen aus dem raumzeiterfüllenden brodelnden Vakuum der virtuellen Teilchen-Antiteilchen-Paare.

Die Quark-Synthese und die Abkopplung der Baryonen

Wenn wegen der im Verlauf der Expansion fallenden Temperaturen die Wiederbildung von X-Bosonen in Stößen ihrer Zerfallsprodukte nicht mehr möglich ist, kommt es zu irreversiblen Zerfällen dieser Bosonen in unsymmetrische Reaktionskanäle. Schon 1967 nannte A. D. Sacharow drei notwendige Bedingungen dafür, dass aus einem symmetrischen Anfangszustand mit der Baryonenzahl $B = 0$ eine asymmetrische Situation entsteht:

- die Nichterhaltung der Baryonenzahl,
- Verletzung der C- und CP-Invarianz,
- Abweichung vom thermischen Gleichgewicht.

Die Nichterhaltung der Baryonenzahl ist eine mögliche Konsequenz der vereinheitlichten Theorie der nichtgravitativen Kräfte. Bei vorhandener CP-Invarianz[56] würden Teilchen und Antiteilchen einfach vertauscht, ohne dass daraus ein Überschuss der einen oder anderen Art resultierte. Aber auch wenn sich ein Überschuss an Quarks oder Antiquarks herausbildet, könnte er durch die inversen Zerfälle wieder kompensiert werden. Deshalb ist es notwendig, dass die Reaktionsrate kleiner als die Expansionsrate wird. Infolge der unterschiedlichen Zerfälle der X- und Anti-X-Bosonen kann ca. 10^{-33} s nach Weltanfang eine winzige Differenz bestehen, die die normalen Quarks bevorzugt. Diese Asymmetrie ist abhängig von den Kopplungskonstanten der Feldtheorie und dem Grad der CP-Verletzung.

Hadronenära: 10^{-10} Sekunden nach dem Anfang

Für Zeiten $t < 10^{-6}$ s besteht die Materie aus einem dichten Quark-Lepton-Plasma im jeweils momentanen thermodynamischen Gleichgewicht mit den Photonen. Bei $t = 10^{-6}$ s bzw. bei

Temperaturen von 10^{13} K sollte der Übergang des Quark-Leptonen-Plasmas in Hadronen erfolgen oder sogar bereits beendet sein. Dieser Phasenübergang und die relevanten Zustandsgleichungen dieser Epoche sind jedoch noch weitgehend unbekannt. Bei Temperaturen unterhalb 10^{13} K reicht die Teilchenenergie nicht mehr aus, um Protonen und Antiprotonen neu zu bilden. Dadurch kommt es zum Abkoppeln dieser Baryonen. Protonen und Antiprotonen vernichten sich paarweise durch Zerstrahlung. Gäbe es keinen Protonenüberschuss, wäre die kosmische Materie restlos zerstrahlt. Nur dadurch, dass etwa ein Proton aus drei Milliarden Protonen und Antiprotonen keinen Partner findet, kann die normale Materie, die die Grundlage für unsere Existenz bildet, überleben. Nach diesen Vorstellungen ist die heutige Materie des Kosmos und die in ihr gespeicherte Energie nur ein winziger Bruchteil der baryonischen Materie, die 10^{-6} s nach dem Urknall vorhanden war. Die auf der CP-Invarianz-Verletzung beruhende Fähigkeit der Grand Unified Theories (GUTs) zur Überwindung der Symmetrie von Materie und Antimaterie kann also den Schlüssel zur Klärung des Fehlens von Antimaterie liefern. Darüber hinaus wird auf diese Weise auch die hohe Entropie pro Baryon qualitativ verständlich. Allerdings ist es nicht möglich, durch Vergleich mit der beobachteten Entropie pro Baryon eine Auswahl unter den verschiedenen GUTs zu treffen. Die Hadronenära ist dadurch gekennzeichnet, dass die Baryonen und Mesonen, die neben der elektromagnetischen und schwachen auch der starken Wechselwirkung unterworfen sind, mit der Strahlung im thermischen Gleichgewicht stehen.

Nach der inflationären Phase und nach dem «Quarkconfinement», d.h. der Kondensation von Quarks zu Hadronen und der Bildung von Protonen und Neutronen und der Phase der Annihilation von Baryonen und Antibaryonen, verbleibt nur noch ein winziger Rest von Materie: Protonen und Neutronen, Elektronen und Positronen, Photonen, Neutrinos und Antineutrinos sowie eventuelle schwach wechselwirkende Teilchen (WIMP: weakly interacting massive particle) bildeten die Substanz des Kosmos.

Leptonenära (10^{-6} s < t < 1 s)

Unterhalb einer Temperatur von etwa 10^{13} K, also etwa 10^{-5} Sekunden nach dem Urknall, konnten sich dann stabile Hadronen bilden. Das Universum bestand «danach» praktisch ausschließlich aus Neutrinos, Antineutrinos, Photonen, Elektronen, Positronen, Myonen, Antimyonen, Pionen und einer kleinen Menge von Protonen und Neutronen im thermischen Gleichgewicht. Nach etwa 0.1 Sekunden und bei Temperaturen von $5 \cdot 10^{10}$ K konnten keine Myonen-Antimyonen-Paare mehr erzeugt werden, so dass diese zerstrahlten. Dadurch wurde die Wechselwirkung der Neutrinos mit den anderen Teilchen so klein, dass diese aus dem Gleichgewicht entkoppelten und sich nach etwa 2 Sekunden frei entwickelten. Mit dem Aussterben der Pionen endete auch die Epoche der «schwachen» Wechselwirkung. Diese Neutrinos müssten auch heute noch als eine auf etwa 2 K abgekühlte Schwarzkörperstrahlung messbar sein. Aufgrund der extrem kleinen Wechselwirkung der Neutrinos mit anderer Materie wird dies aber in naher Zukunft nicht möglich sein. Nach etwa 4 Sekunden und bei 5 Milliarden K zerstrahlten Elektronen und Positronen in Photonen, wobei alle Positronen und der Großteil der Elektronen vernichtet wurden.

Primordiale Nukleosynthese (1 s < t < 4 min)

Erst nachdem der Kosmos sich auf 3 Milliarden Grad abgekühlt hatte, wurde die Temperatur derart niedrig, dass sich aus kollidierenden Photonen keine neuen Elektronen und Positronen mehr bilden konnten. Aber noch immer war es zu heiß für einen Zusammenschluss von je einem Proton und Neutron zu Deuterium. Erst nachdem die Temperatur auf etwa 900 Millionen Grad abgesunken war, setzte die primordiale Nukleosynthese ein. Analog der Kernfusion im Sterninnern konnte bei der hohen Temperatur im frühen Universum die thermische Energie der Nukleonen deren elektrische Abstoßung überwinden.

Aus den Baryonen, die zunächst nur in Form von Neutronen und Protonen vorlagen, bildeten sich leichte Atomkerne: Wasserstoff (H), Helium (He), Lithium (Li), Beryllium (Be) und Bor (B). Nach dem Einsetzen der Deuteriumbildung entstand durch Verbindung von Protonen und Deuterium Helium-3 und anschließend auch das Isotop Helium-4. Die Entstehung der Elemente schwerer als ^{4}He (mit der Ausnahme von ^{7}Li und ^{7}Be) begann erst viel später in den Fusionsreaktoren der ersten Sterne. Nach Beendigung der kosmischen Nukleosynthese befindet sich die kosmische Substanz im Plasmazustand. Da die Ergebnisse der primordialen Nukleosynthese von der damaligen Dichte der Baryonen abhängen, lässt sich aus der heute beobachteten Häufigkeit von Helium und Deuterium auf die heutige mittlere baryonische Dichte im Kosmos schließen. Wie alles Deuterium im Universum wurde auch das irdische in dieser frühen Zeit gebildet. Fänden wir kein Deuterium im Meer oder in unserem Körper (2–3 Gramm), so wäre dies ein Argument gegen den heißen Urknall! Aus den Ergebnissen des berühmten Sonnenwindexperiments auf dem Mond während der APOLLO-11-Mission im Juli 1969 konnten Johannes Geiss und seine Mitarbeiter bereits 1972 den Deuteriumgehalt der Ursonne erschließen. Die Tatsache, dass das theoretisch berechnete Massenverhältnis, das durch spätere Prozesse (z. B. Nukleosynthese in Sternen) nur minimal verändert werden konnte, mit dem heute beobachteten Verhältnis in Übereinstimmung ist, bildet eine der Hauptstützen des heißen Urknall-Modells.

Von der primordialen Nukleosynthese zum Materiekosmos

Nach der Phase der primordialen Kernsynthese besteht die kosmische Materie im Wesentlichen aus Protonen, Heliumkernen und Elektronen, deren Konzentration im Weiteren nur noch der kosmischen Verdünnung und der Abkühlung unterliegen. Das Wasserstoff-Helium-Plasma bleibt in Wechselwirkung mit dem Photonengas bis zum Zeitpunkt der Rekombination zu neutralem Wasserstoff und Helium bei einer Temperatur von

T = 10 000 bis 30 000 K. Da der Kosmos nach wie vor strahlungsdominiert ist, wird in dieser Epoche das lokale Verhalten der Materie hauptsächlich durch den Energie- und Impulsaustausch zwischen den Photonen und den Atomkernen und Elektronen (Compton- und Thomson-Streuung) bestimmt. Diese starke Kopplung zwischen der Materie und dem Strahlungsfeld verhindert in dieser Plasma-Ära die Ausbildung gravitativ induzierter Inhomogenitäten. Diese Situation ändert sich grundlegend, wenn nach etwa 300 000 Jahren die kosmische Temperatur unter die Ionisationstemperatur des Wasserstoffs (T = 3600 K) fällt und Elektronen und Atomkerne zu Atomen rekombinieren, mit der Folge, dass die Photonen dadurch praktisch nicht mehr auf die nun elektrisch neutrale Materie einwirken können. Infolge dieser Abkopplung der Photonenkomponente wird das Universum ab dieser «Epoche der letzten Streuung» durchsichtig. Seit dieser Zeit erfüllt die elektromagnetische Strahlung (die Photonen) das ganze Weltall homogen und bildet einen thermischen Strahlungshintergrund, dessen Energiedichte und Temperatur im Zuge der kosmischen Expansion monoton abnimmt. Seine Intensität entspricht mit großer Genauigkeit der eines schwarzen Strahlers, mit der Temperatur von derzeitigen 2.726 K. Da die Wellenlängenverteilung dieser Strahlung von fernem Infrarot bis zu den Radiowellen reicht, bezeichnet man sie häufig auch als Mikrowellen-Hintergrundstrahlung oder als kosmologische Mikrowellen-Hintergrundstrahlung. Infolge der Aufhebung des elektromagnetischen Strahlungsdruckes durch die Abkopplung der Photonen ist in der Folgezeit die Bildung von Galaxien und Galaxienhaufen aus schon vorhandenen Dichtestörungen möglich.

3. Ursprung der Galaxien

Wegen der Abkopplung spürt die Materie jetzt verstärkt die Gravitationskraft, die von diesem Zeitpunkt an für deren zukünftige Dynamik und Organisation bestimmend wird. Der Kosmos tritt hiermit endgültig in das so genannte Materie-

Zeitalter ein, also in die Ära der Bildung und der Existenz langlebiger Strukturen, die wir schließlich heute als Sterne, Galaxien oder Galaxienhaufen in den unterschiedlichen Erscheinungsformen beobachten.

Die Entstehung der Galaxien und der Galaxienhaufen ist verknüpft mit der Formierung der großräumigen Struktur des Kosmos, der netzartigen Anordnung von Haufen von Galaxien in Filamenten und Leerräumen. Die Keime für diese Strukturen liegen möglicherweise bereits in der sehr frühen Entwicklungsphase des Kosmos. Diese könnten sich in der Planck-Epoche als Quantenfluktuationen der Metrik herangebildet haben oder als sich die starke von der elektroschwachen Wechselwirkung infolge Symmetriebrechung trennte, zur Zeit der Inflation. Die Quantenfluktuationen sind die Vorläufer der späteren Inhomogenitäten in der Dichte nichtbaryonischer und baryonischer Materie. Das Spektrum der Dichteinhomogenitäten wird in der Strahlungsepoche profiliert und wirkt auch auf die Strahlung zurück. Daher ergibt sich die Möglichkeit, aus den beobachteten Fluktuationen der kosmologischen Mikrowellen-Hintergrundstrahlung etwas über die Anfangsbedingungen der Galaxienentstehung zu erfahren. Tatsächlich zeigen die Beobachtungen von COBE, WMAP etc. Temperaturfluktuationen. Bei einer mittleren Temperatur von 2.7 Kelvin beträgt der Temperaturunterschied auf der Winkelskala um 7^0 lediglich bei $\Delta T/T \approx 10^{-5}$.

Die Richtungsunabhängigkeit (Isotropie) der Mikrowellen-Hintergrundstrahlung spiegelt die hohe Gleichförmigkeit des kosmischen Substrats zur Zeit der Entkopplung – des «Aufklarens» – wider. Nur in der Größenordnung von einem Hunderttausendstel ($\Delta T = 10^{-5}$ Kelvin) liegen die relativen Abweichungen in der Temperatur zwischen verschiedenen Punkten an der Himmelssphäre. Das ist einerseits eine Bestätigung der Hypothese des Kosmologischen Prinzips, andererseits die Quelle für ein neues Problem, da die Temperaturschwankungen eine strenge Anfangsbedingung für die Größenordnung der Inhomogenitäten der baryonischen Materie erzwingen, was die Wurzel des Problems der Entstehung von Galaxien ist.

In einem rein baryonischen Universum sind solche Anfangsfluktuationen zu klein, um mithilfe der Gravitation zur heute beobachteten klumpigen Materieverteilung, also den Galaxien und Galaxienhaufen, anzuwachsen. Lassen wir jedoch Dunkle, nichtbaryonische Materie zu, so reichten sie gerade etwa aus. Falls also die heutige Materieverteilung durch gravitative Instabilität aus kleinen Anfangsfluktuationen entstanden ist, so war, mit ziemlicher Sicherheit, nichtbaryonische Dunkle Materie dazu nötig. Dies wollen wir etwas weiter ausführen. Das Gravitationspotential kleiner Fluktuationen in der Materiedichte kann in einem expandierenden Universum nicht anwachsen. Auf großen Winkelskalen können die Anisotropien in der Temperatur des Mikrowellenhintergrundes direkt mit dem Gravitationspotential in Verbindung gebracht werden und ergeben deshalb Maß für die Anfangsfluktuationen. Dichtefluktuationen der Materie wachsen an, sobald die Materiedichte den Strahlungsdruck überwiegt. Zusätzliche Dunkle Materie hilft, indem sie diesen Zeitpunkt weiter zurückverlegt und damit den Materiefluktuationen mehr Zeit zum Anwachsen gibt. Nichtbaryonische Dunkle Materie ($WIMP_S$) koppelt nicht an Strahlung, weshalb ihre Fluktuationen im Mikrowellenhintergrund nicht sichtbar sind. Sobald Strahlung und Baryonen entkoppeln, fallen diese ins Gravitationspotential der Dunklen Materie. Damit kann nichtbaryonische Dunkle Materie die Strukturbildung wesentlich beschleunigen.

4. Strukturentstehung und Zunahme der Entropie

Angesichts dieser Entwicklungslinie im Kosmos stellt sich die Frage, wie die Strukturbildungen mit dem 2. Hauptsatz der Thermodynamik in Übereinstimmung zu bringen sind. Die Entropie ist ein Maß für den Grad der «Unordnung» und der Abwesenheit von Struktur – in thermodynamischen Systemen bzw. für die Irreversibilität der in ihnen ablaufenden thermodynamischen Prozesse. Die Gesamtentropie in einem abgeschlossenen System kann nie abnehmen. Überträgt man diese Überlegung auf das Weltall als Ganzes (betrachtet als abgeschlossenes System), müsste die Welt seit ihrem Beginn einem Endzustand ohne Energie- und Temperaturdifferenzen und strukturloser Materieverteilung zustreben. Tatsächlich hat sich aber ein Kosmos – eine geordnete Welt – mit Spiralnebeln, Sternen, Planeten und Lebewesen gebildet.

Bezogen auf den Kosmos als Ganzes ist die Gravitation wegen ihrer langen Reichweite die bestimmende Kraft bei der Strukturierung der kosmischen Materie. Thermodynamische Systeme mit Gravitation haben aber die Eigenschaft, dass der Zustand maximaler Entropie gestaltreicher, d. h. strukturierter sein kann als Zustände mit geringerer Entropie. Die Bildung materieller Strukturen im Universum erfolgt einerseits aufgrund der Wechselwirkungskräfte der Materie, vor allem der großen, nicht abschirmbaren Reichweite der Gravitationskraft. Andererseits ist aber die mit der Expansion verbundene adiabatische Abkühlung des kosmischen Substrats Voraussetzung dafür, dass die bei der Kontraktion von prägalaktischen Gaswolken im Fall der Galaxien oder interstellaren Gaswolken bei der Entstehung von Sternen frei werdenden Bindungsenergien an die kältere Weltraumumgebung abgeführt werden können. In beiden Fällen wird bei der Kontraktion der Gaswolke unter der Wirkung der Schwerkraft die vorher gleichmäßig verteilte Materie räumlich konzentriert. Die dabei frei werdende Energie (Bindungsenergie) wird in Form von elektromagnetischer Strahlung abgegeben. Diese Strahlung repräsentiert Entropie. Eine quantitative Analyse ergibt, dass die Entropie des Gesamtsystems – entstandener Stern plus emittierte Strahlung – im Einklang mit dem 2. Hauptsatz der Thermodynamik zu einer Entropieerhöhung führt, die qualitativ so erklärt werden kann, dass sich die Gesamtzahl der Teilchen im System (Photonen!) erhöht hat und die emittierte Strahlung sich über einen viel größeren Raumbereich verteilt, als die Ausgangsmaterie eingenommen hatte. Die Entwicklung des durch die Gravitation bestimmten Universums von einem amorphen Anfangszustand zu einem strukturierten Kosmos steht also im Einklang mit dem 2. Hauptsatz der Thermodynamik.

Zusammenfassend lässt sich sagen, dass die Expansion des

Entwicklung des Kosmos

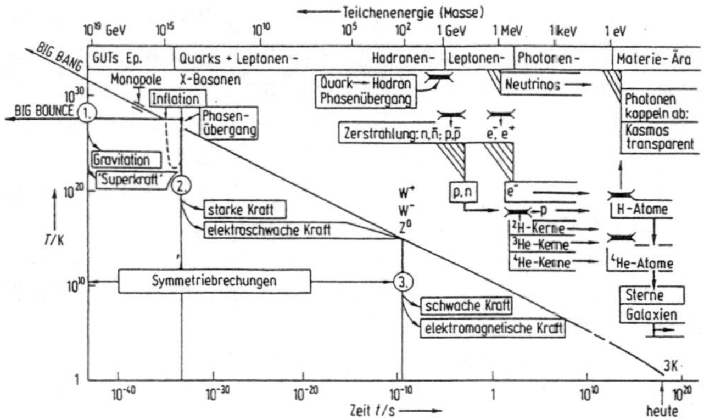

Die heutige Vorstellung von der Entwicklung des Kosmos über den Zeitraum von 10^{-44} s nach dem Urknall bis heute (t ≈ 10^{18} s ≈ 14 Milliarden Jahre. Die Diagonale zeigt die Abnahme der Strahlungstemperatur des Kosmos bis zur heutigen Temperatur von ca. 3 K. Untere Hälfte: Emanzipation der Wechselwirkungskräfte: Die (alle Wechselwirkungen umfassende) *Urkraft* separiert zur Planck-Zeit (siehe ①) in die Gravitation und in die hypothetische *Superkraft* der Teilchenwechselwirkungen. Diese wiederum separiert bei t = 10^{-33} s (siehe ②) in die *starke* und die *elektroschwache Kraft*. Letztere separiert dann (bei ③) in die *schwache* und die *elektromagnetische Kraft*. Obere Hälfte: Geschichte der Teilchen bis zur Entstehung der Sterne und Galaxien.

Weltraums eine Grundbedingung für das Entstehen von Gestalten (Galaxien und Sternen) im Kosmos ist. Die Voraussetzung für die Strukturierung des Kosmos ist allerdings die Existenz von primordialen Fluktuationen mit einem Niveau oberhalb von statischen Fluktuationen im prägalaktischen Medium. Der Strukturierungsprozess aus einem nahezu homogenen heißen und dichten Anfangszustand führte durch das Zusammenspiel der gravitativen mit der elektromagnetischen und den beiden lokalen Wechselwirkungen zur Entwicklung von Galaxien, Sternen und Planeten.

VIII. Anthropisches Prinzip – War die Gegenwart das Ziel?

Was mich eigentlich interessiert, ist, ob Gott die Welt hätte anders machen können; das heißt, ob die Forderung nach logischer Einfachheit überhaupt eine Freiheit in der Wahl der Anfangsbedingungen, Naturkonstanten, Kräfteverhältnisse lässt ... (Albert Einstein)

1. Anthropisches Prinzip und Urknall

Dass alles in dieser Welt so ist oder zu sein scheint, wie wir es mit unseren Sinnen und künstlichem Instrumentarium erfahren, führt unweigerlich zu der Frage, was wohl gewesen wäre, wenn nur ein einziger zur Ausbildung dieses Universums und unseres Daseins unabdingbarer Parameter um Nuancen anders ausgefallen wäre. Schon winzige Variationen in den Zahlenwerten von Naturkonstanten, Wechselwirkungsparametern und den Anfangsbedingungen im Urknall hätten den Kosmos und die Struktur der Materie mitsamt aller Himmelskörper drastisch verändert. Bereits die Anfangsbedingungen zur Planck-Zeit, die Expansionsrate und die ursprüngliche Energiedichte, waren wesentlich für die heutige Struktur des Kosmos.

Die Anfangsbedingungen der kosmischen Evolution sind mit den materiellen Voraussetzungen der Entwicklung von Leben und der Existenz des Menschen (griech. *anthropos*) untrennbar verknüpft. Einerseits ist der Mensch in die Evolution der irdischen Biosphäre und diese wiederum in die planetarische Evolution der Erde eingebunden. Andererseits sind auch die Entstehungsbedingungen für die irdische Biosphäre, ist auch die Existenz der Erde mit der Entwicklung der Sonne eng verkettet. Und zu guter Letzt steht vor allem der Mensch selbst mit der Geschichte des Kosmos in engster Wechselwirkung. Die Atome der schweren Elemente, z.B. Eisen, Kalzium, Lithium, in unserem Organismus waren in der Geburtsstunde des Kosmos noch nicht existent und wurden erst im Laufe von Jahrmilliarden im Innern der Sterne aus dem anfangs allein vorhandenen Wasserstoff und Helium generiert.

2. Feinabstimmungen als Voraussetzung

Dass sich binnen 14 Milliarden Jahren quasi aus dem Nichts Bewusstsein bilden konnte, setzte schier unzählige Anfangsbedingungen, Prozesse und Evolutionen voraus, von denen uns allenfalls nur Mosaiksteine bekannt sind.[57] So hängt die Entwicklung des Kosmos entscheidend von den Anfangsbedingungen der Expansion und den Naturkonstanten Lichtgeschwindigkeit c oder dem Planck'schen Wirkungsquantum h und den Massen der Elementarteilchen sowie der Kräftehierarchie der Wechselwirkungen ab. Schon geringfügige Unterschiede in den aktuellen Werten der Massen, Ladungen, fundamentalen Konstanten (h, G, c,) hätten zum Teil beträchtliche Auswirkungen für die Entwicklung des Kosmos und damit für die Entwicklung der Menschheit gehabt.

Bereits seit Hermann Weyl (1919) und Arthur Eddington (1923) gibt es das Bemühen, wichtige dimensionslose Konstanten, die das relative Verhältnis von Kräften und Teilchenmassen charakterisieren oder das Alter des Universums mit der Lichtlaufzeit durch ein Wasserstoffatom vergleichen, aus ersten Prinzipien zu verstehen.[58] So ist die Zahl der baryonischen und leptonischen Teilchen im sichtbaren Universum gleich dem Quadrat von 10^{40}, also 10^{80}. Ferner entspricht das Alter des Universums t_0 10^{40} atomaren Zeiteinheiten $N_1 = t_0 / (e^2/m_e c^3)$, wobei unter einer atomaren Zeiteinheit die Laufzeit des Lichtes durch ein Wasserstoffatom zu verstehen ist. Hinzu kommt die Gravitation, die 10^{40}-mal schwächer als die elektrische Kraft: $N_2 = e^2 / (Gm_N m_e) \approx 10^{40}$ ist.

Nach Paul Dirac (1937) ist die ungefähre Koinzidenz $N_1 \approx N_2$ kein Zufall, sondern eine permanente Beziehung. Da N_1 die kosmische Zeit involviert, impliziert die Dirac'sche Hypothese eine Zeitabhängigkeit der Gravitationskonstanten $G \sim t^{-1}$, da die Elementarladung e und die Massen der Elementarteilchen (Elektron und Proton) als konstant angenommen werden, um im Einklang mit der Quantentheorie zu bleiben. Eine Zeitabhängigkeit der Gravitationskonstante ist aber empirisch nicht belegbar. Robert Dicke (1961) öffnete eine neue Perspektive zur Erklärung dieser Übereinstimmungen, indem er die Koinzidenz $N_1 \approx N_2$ auf notwendige biologische Voraussetzungen für die Existenz von intelligenten Lebewesen zurückführte, die diese Übereinstimmung heute feststellen. Die Relation $N_1 \approx N_2$ ist nur in einem bestimmten Intervall der kosmischen Geschichte erfüllt. In einer frühen Epoche war $N_1 << N_2$ und somit die Voraussetzungen für Leben noch nicht gegeben, weil die Sternentwicklung noch in den Anfängen war. Aus der Theorie des Energietransportes in Sternen folgt, dass die Größenordnung der Sommerfeld'schen Feinstrukturkonstante $\alpha = e^2/(hc) \approx 1/137$ und der Gravitationsfeinstrukturkonstante $\alpha_G = Gm_p^2 / (hc) \approx 5 \cdot 10^{-39}$ die Grenze zwischen konvektivem Energiefluss und Strahlungstransport gerade bei typischen Hauptreihensternen liegt. Wäre α indes größer als 1/137, wären alle Sterne konvektive Rote Zwerge, die keine schweren Elemente für eine spätere Planetenbildung zur Verfügung stellen. Wäre α kleiner als 1/137, wären sie alle Blaue Riesensterne, deren Energietransport durch Strahlung dominiert ist, die freilich nicht lange genug strahlen, um die Entstehung von Leben zu ermöglichen. α hat also gerade die richtige Größe für ein belebtes Universum.

Aber auch die Anzahl der Raumdimensionen war elementar. So hätten Planeten bei einem Raum mit mehr als drei Dimensionen ihre Heimatsterne nicht in stabilen Bahnen umrunden können. Und bei einem Raum mit weniger als drei Dimensionen wären komplexe neuronale Netzwerke wohl kaum entstanden: Die Biochemie hätte nicht den für die biologische Evolution notwendigen Entfaltungsspielraum gehabt. Hinzu kommt, dass Wellen sich in Räumen mit einer geraden Zahl von Dimensionen (2, 4, ...) anders ausbreiten als in Räumen mit ungeraden Dimensionen (wie etwa in unserem Weltraum). In ungerade dimensionierten Räumen breiten sich Wellen ohne

Verzerrung aus, in Räumen mit einer geraden Anzahl von Dimensionen verschwimmen sie: Für den Genuss eines Bach- oder Mozart-Konzertes etwa wäre dies höchst fatal. Bei alledem wird die Expansion des Universums vom Anfangsschwung und von der gegenseitigen gravitativen Anziehung der den Weltraum erfüllenden Materie bestimmt, die dem Auseinanderstreben entgegenwirkt. Aus den Bewegungsgleichungen der Friedmann-Lemaître-Modelle ergibt sich, dass das Verhältnis Ω_0 zwischen der mittleren Dichte ρ_0 und einer kritischen Dichte ρ_c, die aus der Gravitationskonstante G und der Hubble-Konstante gebildet wird, dafür entscheidend ist. Nur in Universen mit Anfangsbedingungen, die schon zu Beginn eine nahezu euklidische Geometrie des Weltraumes zeigen, kann sich eine habitable Zeitzone in der Geschichte des Universums entfalten. Damit Leben wie das unsere eine kosmische Nische besetzen konnte, mussten Galaxien entstehen und mindestens eine Generation von Sternen Zeit gehabt haben, sich zu entwickeln, dabei schwere Elemente zu produzieren und in das interstellare Medium zurückzugeben, bevor sich die Sonne und die Planeten bilden konnten sowie die biologische Evolution auf der Erde starten konnte. Kombiniert man das Alter der Galaxien mit einer typischen Entwicklungszeit der Sterne, dann resultiert für das minimale Alter des Kosmos 10 Milliarden Jahre. Wenn das Universum so alt ist, dann beträgt seine Ausdehnung aufgrund der Expansion des Weltraumes in diesem Zeitraum mehrere Milliarden Lichtjahre. Demzufolge sind also die enorme Größe und das Alter des Kosmos für die Herausbildung von Leben unabdingbar. Als Prämissen gehen in diese Schlussfolgerung ein: Am Anfang gab es nur Wasserstoff und etwas Helium und Deuterium; Werte der Natur- und Kopplungskonstanten; die universelle Gültigkeit der lokal gefundenen Naturgesetze. Weitere kosmologische Bedingungen für einen lebensfreundlichen Kosmos sind:

- ein minimaler Überschuss von Materie über Antimaterie
- Massendifferenz von Neutron und Proton: 1,3 Prozent
- Halbwertszeit beim Beta-Zerfall des Neutrons
- Massenverhältnis Proton : Elektron = 1/1836 bei gleicher Ladung

Unabhängig davon, wie man im Einzelnen die zu den Anthropischen Prinzipien gehörenden Argumente und empirischen Indizien wertet, kommt man doch an einer Einsicht nicht vorbei, zu der der Astronom Otto Heckmann (1975) kam: *Kein Hochmut und keine Theologie hat in der Gesamtheit der Argumentationen hineingespielt, wenn wir erkennen, dass ein ganzer Kosmos von unwahrscheinlichen Baubedingungen und von sehr spezifischer Unwahrscheinlichkeit in seinen Anfangswerten in die wirkliche Existenz kommen musste, damit der Mensch ins Leben treten konnte.* Die Natur, die uns hervorbrachte, ist die einfachste und vielleicht auch die einzig mögliche Natur, in der sich intelligentes Leben entwickeln konnte.

3. Die drei Varianten des Anthropischen Prinzips

Prinzipiell unterscheidet die Astrophysik zwischen drei Varianten des Anthropischen Prinzips:

- *Das schwache Anthropische Prinzip* (Dicke 1957): Die Aussage des schwachen Anthropischen Prinzips basiert auf einem logisch selbstverständlichen Zusammenhang: Weil es in diesem Universum Beobachter gibt, muss die Entwicklung des Universums die Existenz dieser Beobachter zulassen. Die beobachtbaren Werte der Naturkonstanten und die aus ihren Wirkungen erschließbaren kosmischen Anfangsbedingungen «unseres» Universums entsprachen gerade den Erfordernissen, welche für die Vorbedingungen biologischer Evolution intelligenten Lebens notwendig sind.
- *Das starke Anthropische Prinzip* (Carter 1974): Wesentlich spekulativer ist die Formulierung des starken Anthropischen Prinzips, das dem Universum einen Zielrichtungsmechanismus zuschreibt: *Das Universum muss die Eigenschaften haben, die es ermöglichen, dass sich im Laufe der kosmischen Evolution Leben entwickeln kann.* Das Universum musste zu einem bestimmten Zeitpunkt seiner Geschichte Bedingungen hervorbringen, welche die Entwicklung von Leben gestatten.
- Eine dritte Variante ist *das finale Anthropische Prinzip* (Dirac 1961). Es besagt, dass intelligente Informationsverarbeitung, auf die in dieser Variante das Leben reduziert wird, irgendwann im Universum in Erscheinung treten muss und danach niemals wieder aussterben kann. Dieses «Postulat des ewigen Lebens» ist an eine

spezielle kosmologische Entwicklung geknüpft, die von Barrow und Tipler (1986) näher untersucht wurde.

4. Teleologische Interpretationen

Es liegt in der Natur des starken Anthropischen Prinzips (AP), dass es viele grundsätzliche Fragen der Philosophie und Theologie streift. Warum ist die Welt so sinnreich eingerichtet (Teleologie), und kann man erklären, warum sie so ist, wie sie ist (Kontingenz der Welt)? Auch wenn es in der metaphysischen Natur dieses Genres liegt, dass zu diesem Sujet nur wenige vom Ansatz her naturwissenschaftlich fundierte Darstellungen herausragen und daher eine Auswahl immer willkürlich bleibt (zumal keines der Werke einen repräsentativen Trend widerspiegelt), scheint es gerechtfertigt, den evolutionstheologischen Entwurf des französischen Naturwissenschaftlers, Paläontologen und Theologen Pierre Teilhard de Chardin (1881–1955) voranzustellen, weil hier erstmals ein Forscher die «göttliche Erschaffung» des Menschen als natürliche Anthropogenese interpretierte. Teilhards Universum ist kein statisches respektive ungeschichtliches, sondern ein dynamisches, sich entwickelndes, das – getragen von einem gezielten evolutionärem Impetus – systematisch auf die Ausbildung des Lebens, des Menschen und des Geistes hinarbeitet. Im Zuge dieser «gelenkten Kosmogenese» («Orthogenese»), die mit einer Zunahme an Komplexität auf materieller Ebene und einem Zuwachs an Zentriertheit auf geistiger Ebene einhergeht, hat der Mensch inzwischen längst «eine geistige Schwelle» überschritten. Seine Evolution, die Gott eingeleitet hat, zielt zugleich auf ihn ab. Am Ende dieser Anthropogenese steht der «Punkt Omega», den Teilhard wie folgt charakterisiert: ... *die Welt* [ist] *strukturell nicht nur eine geschlossene, sondern auch eine zentrierte Gesamtheit. Weil Raum-Zeit das Bewusstsein enthält und hervorbringt, ist sie notwendigerweise konvergenter Natur. Daher müssen sich ihre Schichten, so unendlich sie sich ausbreiten, ... irgendwo wieder zusammenfalten, in einem Punkt vor uns – nennen wir ihn Omega –, der sie in sich verschmilzt und zur Gänze aufnimmt.*[59] Natürlich hat Teilhards visionäre Vorwegnahme des starken Anthropischen Prinzips[60] andere namhafte Wissenschaftler für dieses transzendente Thema sensibilisiert. Wenn beispielsweise der australische Physiker Paul Davies in den «Grundkonstanten» der Natur «die überraschendsten Hinweise auf einen großen Plan», den «Plan Gottes», zu erkennen glaubt[61] oder der Neurobiologe und Nobelpreisträger John C. Eccles konstatiert, dass in der «Kette der Zufallsbedingtheiten, die zu uns geführt hat ... eine göttliche Vorsehung wirksam ist»,[62] dann erinnert diese theologische Deutung des starken APs in der Tat ein wenig an Teilhard.

Die Vorstellung einer zielgerichteten Entwicklung, die auf die Entwicklung menschlichen Lebens eingestellt ist, wie es das starke AP aussagt, führt sicher zu weit. Tatsächlich dreht die Erklärung des starken APs den Kausalzusammenhang um. Der zeitliche Ablauf und der Zusammenhang von Ursache und Wirkung sind vielmehr so, dass gewisse Feinabstimmungen für die Existenz von Leben notwendig sind. Der Schluss gilt aber nicht umgekehrt. Das schwache AP zeigt nur Zusammenhänge auf, ohne die das Leben nicht entstehen könnte. Es erklärt nicht, sondern weist auf Erklärungsbedarf hin.

5. Leben – nur ein Übergangsphänomen?

Die in die Zukunft gerichtete kosmologische Langzeitperspektive zeigt die Befristung der bewohnbaren Zeitzone in der Geschichte des Kosmos – nicht nur auf der Erde wegen des endlichen Energievorrats der Sonne, sondern in allen Sternsystemen aufgrund der endlichen Lebensdauer der Sterne. Leben ist ein Durchgangsphänomen im ewig expandierenden Kosmos. Generell lässt sich sagen, dass die lebensfreundliche Epoche auf folgendes Zeitintervall beschränkt ist: $10^9 \leq t \leq 10^{14}$ Jahre. Denn 1 Milliarde Jahre nach dem Urknall gab es noch keine Galaxien und somit keine stellare Nukleosynthese, um die für die Existenz von Leben notwendigen schweren Elemente Kohlenstoff, Sauerstoff, Stickstoff zu bilden. Und spätestens nach 10^{14} Jahren sind die Sterne aller Galaxien ausgebrannt. Wegen der endlichen Lebensdauer der Sonne ist die Existenz von Leben auf unserem Planeten zeitlich befristet. In ca. 5 Milliarden Jahren tritt die Sonne in das Rote-Riesen-Stadium und dehnt sich weit in das heutige Planetensystem hinein und lässt das Leben auf der Erde verdorren.

Der Mensch – das Leben auf Kohlenstoffbasis – ist auf der Erde und im Kosmos auf Dauer nicht überlebensfähig. Damit wird eine teleologische Ausrichtung des APs, wonach der Mensch im Fokus der Naturgeschichte steht bzw. konstitutiv für die Struktur des Universums ist, obsolet. Wenn es das Ziel der kosmischen Entwicklung war, intelligente Beobachter oder den Menschen hervorzubringen, dann ist Leben angesichts der zeitlichen Endlichkeit der terrestrischen Biosphäre in der uns bekannten Form nicht überlebensfähig. Will die Spezies Mensch überleben, muss sie die Erde verlassen und zu anderen lebensfreundlichen Planeten in unserer Galaxis oder in Nachbargalaxien reisen – aber auch das wäre angesichts der Zukunft des Kosmos insgesamt nur ein Hinausschieben des Untergangs. Leben in der derzeitigen Form kann die Zukunft nicht (ewig) überdauern. Leben kann zunächst einmal nur so lange existieren, wie eine «warme Umgebung» gegeben ist: mit flüssigem Wasser und einer fortgesetzten Versorgung mit freier Energie zur Aufrechterhaltung einer konstanten Stoffwechselrate. In diesem Fall ist aber die Dauer von Leben begrenzt, da ein Stern wie die Sonne oder eine ganze Galaxie nur einen endlichen Vorrat an freier Energie besitzt. Im Zuge der Expansion und Abkühlung werden auch im gesamten Kosmos die Quellen freier Energie, auf die Leben für seinen Metabolismus angewiesen ist, schließlich erschöpft sein.

Anknüpfend an Desmond Bernal, der schon 1929 über neue Existenzformen des Lebens nachgedacht hatte, haben in neuerer Zeit Dyson (1989), Barrow und Tipler (1992) und insbesondere Frank Tipler in seinem Buch *The Physics of Immortality* (1994)[63] über die endgültige Zukunft des Lebens im Kosmos sinniert. Nach Dyson und Tipler ist die Essenz des Lebens Information. Dafür spricht, dass ganz wesentlich der genetische Code und das neuronale Netzwerk – abstrakt gesehen – Information speichernde und verarbeitende Systeme sind. Ausgangspunkt bei beiden Autoren ist die biokybernetische Definition, nach der Lebewesen Information verarbeitende Systeme sind. Dyson nimmt an, dass Leben und Bewusstsein nicht notwendig auf eine Verkörperung durch Zellen und ihre Erbsubstanz in der uns bekannten Form beschränkt sein müssen. Als wesentliche Eigenschaft des Bewusstseins betrachtet er die Komplexität einer Struktur, die auch in anderer Materialisierung auftreten kann als in Kohlenstoff, Sauerstoff, Wasserstoff, Stickstoff (etc.). Allerdings ist jede Form von Materie im Fall der Instabilität des Protons dem Zerfall ausgesetzt. Dyson untersucht, wie derartig abstrakte Lebewesen mit einer endlichen Menge an Energie in einem ewig expandierenden, sich immer weiter abkühlenden Kosmos ihren Metabolismus und ihre Kommunikationsfähigkeit und kognitive Aktivität aufrechterhalten können. Langfristig kommt «Leben» in einem offenen, unendlich ausgedehnten, ewig weiter expandierenden Weltraum asymptotisch zum Erliegen. Denn Informationsaufnahme, Verarbeitung und Weitergabe sind stets an Materie und Energie gekoppelt. Wenn Materie zerfällt, Energiedifferenzen sich ausgeglichen haben, d.h. thermodynamisches Gleichgewicht erreicht ist, dann ist Leben (in welcher Form auch immer) nicht mehr existenzfähig.

Im Gegensatz zu Dyson untersucht Tipler die Zukunft des Lebens in einem geschlossenen Kosmos, um der Problematik nicht mehr verfügbarer Energie zu entgehen. Außerdem knüpft er an die «finale» Variante des «starken Anthropischen Prinzips» an: Leben ist keine vorübergehende Erscheinung, sondern konstitutiv für den Kosmos und muss daher ewig existieren können.[64] Das beinhaltet aber, um kosmosweit und insbesondere im Inferno eines wieder kollabierenden Universums überlebensfähig zu sein, die Ablösung des Lebens von jedweder materiellen Grundlage. Leben überlebt als Quantenzustand eines Information verarbeitenden Systems bzw. als Emulation. Die Vollendung der Kosmogenese und Biogenese findet im «Omega-Punkt» statt, der Zukunftssingularität eines kollabierten, räumlich endlichen Kosmos ohne Ereignishorizont. Die von Tipler aufgestellte Hypothese einer «Physik der Unsterblichkeit» verlässt den Rahmen einer rationalen Physik und ist ein Versuch, die von Teilhard de Chardin entworfene eschatologische Perspektive mithilfe der modernen Kosmologie zu interpretieren.[65]

Letzten Endes läuft alles auf eine zentrale Frage hinaus: Wenn das Universum heute so beschaffen ist, dass in ihm intelligente Beobachter existieren können, ist diese Gegebenheit dann den konkreten Anfangsbedingungen der kosmologischen Entwicklung zu verdanken, oder ist das die notwendige Folge der Entwicklung jedes kosmologischen Modells? Schließt man aus methodischen Gründen die Bezugnahme auf eine transzendente Realität und damit das teleologische Erklärungsmodell aus, bleiben im Wesentlichen drei Hypothesen:

- Die Feinabstimmungen sind zufällig.
- Die Einheitshypothese: Es gibt letztlich nur eine selbstkonsistente Struktur eines Universums, in dem Leben möglich ist: *Nature is as it is because this is the only possible nature consistent with itself* (G. F. Chew 1968).
- In der Vielweltenhypothese wird angenommen, dass es nicht nur allein unser Universum gibt, sondern dass das gesamte Ensemble von Welten, das durch alle denkbaren Anfangsbedingungen und Werte der Naturkonstanten charakterisiert ist, existiert. Wir leben in dem Universum, in dem das Zusammenspiel von Naturkonstanten und -kräften sowie Elementarteilchen lebensgünstig ist.

6. Allein im Kosmos? – Exobiologische Überlegungen

Zu dem futuristisch klingenden Sujet *Leben im All* sind in dem Zeitraum von der griechischen Antike bis zum Jahr 1917 schätzungsweise 140 Bücher zu Papyrus und Papier gebracht worden.[66] Vielleicht ist es kein Zufall, dass das Gros der großen antiken Denker, mittelalterlichen Universalgelehrten, Wissenschaftler der Aufklärung und Astrophysiker der Postmoderne, die von der Frage nach dem «Sind wir allein?» inspiriert waren – von Aristoteles über Giordano Bruno bis hin zu Stephen Hawking –, Kosmologen im besten Sinne waren respektive sind. Denn die *all*gegenwärtige Frage nach dem Anfang der Welt ist auch heute noch fest verwurzelt mit der Suche nach den Anfängen des Seins. Gerade vor dem Hintergrund des APs drängt sich unweigerlich die Frage auf, ob der Homo sapiens wirklich die einzige intelligente Lebensform in den Tiefen des Kosmos stellt, die im Zuge einer lang währenden Evolution herangereift ist. Müsste es nicht infolge der Tatsache, dass in unserem isotropen und homogenen Universum alle vorhandenen Randbedingungen, alle Parameter, alle physikalischen Gesetze und daraus resultierenden stellaren, planetaren und geologischen sowie biologischen Körper, die einerseits unser Dasein bedingen, andererseits infolge des Kosmologischen Prinzips überall dieselben sein sollten, im Weltall von Leben verschiedenster Art nur so wimmeln? Sind sie nicht allesamt selbst dem Big Bang entsprungen? Sind wir nicht «die Kinder des Universums, die Söhne und Töchter der Sterne», die die Atome unseres Körpers erzeugt haben?[67] Sosehr die Antworten im Einzelnen hierzu auch differieren – eine Tendenz ist dennoch erkennbar. Die Annahme, dass nach dem Big Bang neben uns auch extraterrestrische intelligente Lebensformen eine planetare Nische im All gefunden haben könnten, ist plausibel. Während viele Optimisten wie beispielsweise Carl Sagan vermuteten, dass sich in den Tiefen des Kosmos «auf einer Milliarde Planeten irgendwann einmal» technische Zivilisationen herangebildet haben,[68] hielt Jacques Monod bzw. hält Martin Rees (u. a.) indes für durchaus denkbar, dass «in dem für uns beobachtbaren Teil des Universums» nirgendwo weiteres intelligentes Leben entstanden ist.[69] Gesetzt den Fall, Leben wäre dennoch ein weit verbreitetes kosmisches Phänomen, dann müsste das anthropozentrisch fixierte starke AP neu überdacht werden.[70] Vielleicht sollte es in diesem Fall besser in «exobiologisch-kosmisches Prinzip» umgetauft werden. Die Prämisse wäre fortan: Der Weg vom Urknall zur Ausbildung von Bewusstsein ist – ob er denn nun zufällig oder intentional erfolgt sein mag – kein kosmisch singuläres Phänomen. «Das Leben wäre eine kosmische Zwangsläufigkeit.» Vielleicht sind wir nicht die Einzigen, die über den Big Bang und dessen Ur-Sache mitsamt seinen Folgen sinnieren.

IX. Anfang des Kosmos

Über die Entstehung des Universums gibt es viele Meinungen. Wundere dich also nicht, Sokrates, wenn wir nicht imstande sind, Erklärungen zu geben, die in jeder Hinsicht exakt sind und konsistent miteinander. (Platon)

1. Die Anfangssingularität – Creatio ex nihilo?

Die mit Beobachtungsdaten in Einklang stehenden Modelle des Kosmos haben alle die Eigenschaft, dass bei Annäherung an die Vergangenheit die Energiedichte über alle Grenzen wächst und die Abstände benachbarter Teilchen null werden. Diese so genannte Anfangssingularität[71] ist eine Eigenschaft des theoretischen Modells. Die Singularität gehört streng genommen nicht zur Raumzeit, sondern stellt einen Rand der Raumzeit dar und drückt die Unvollständigkeit der Allgemeinen Relativitätstheorie aus. Allerdings lassen sich bei der Rekonstruktion der Vergangenheit bereits vor Erreichen der Singularität (von jetzt aus rückwärts gerechnet) die Lösungen der kosmologischen Theorie nicht mehr als «vergangene Wirklichkeit» interpretieren. Für Zeiten vor $t = 10^{-43}$ Sekunden, also die Planck-Zeit, ist derzeit keine physikalisch zweifelsfreie Aussage über den Kosmos möglich.

Der Beginn der Welt ist nach der ART, die der klassischen Kosmologie zugrunde liegt, eine Raumzeit-Singularität. Einer ähnlichen Situation begegnete die Physik zu Beginn des 20. Jahrhunderts hinsichtlich der Stabilität des Atoms. In beiden Fällen ergibt die klassische Theorie «unendlich». Beim Atom wurde das singuläre Verhalten – der elektromagnetische Kollaps des Elektrons auf den Atomkern – durch die Quantentheorie verhindert. Ebenso sollte die Quantentheorie auch beim Gravitationskollaps von Sternen oder bei der Entstehung des Kosmos eine endliche Theorie anstelle der «unendlichen» klassischen Raumzeit-Singularität liefern.

Die fundamentalen Fragen und Probleme, wie z. B. die primordiale Expansionsrate, die Dominanz der Materie über die Antimaterie, Natur und Verteilung der Dunklen Materie, Konzentration der kosmischen Materie in Galaxien und deren Verteilung, Dimension und Struktur des Raumes, Dominanz der Photonen gegenüber der Materie, Signatur der Raumzeit – und damit verknüpft die Frage nach dem «absoluten Nullpunkt» der Zeit und der Richtung des Zeitablaufs –, hängen mit den in ihrer Ursache unbekannten Anfangsbedingungen zusammen. Eine Theorie der Anfangsbedingungen erhofft man sich im Rahmen der (noch nicht existenten) Quantengravitationstheorie. Ob die Superstringhypothese hier einen entscheidenden Eckstein bildet, ist eine derzeit offene Frage. Im folgenden Schema geben wir einen Überblick über kosmologische Modelle und Hypothesen im Hinblick auf die Ursprungsproblematik:

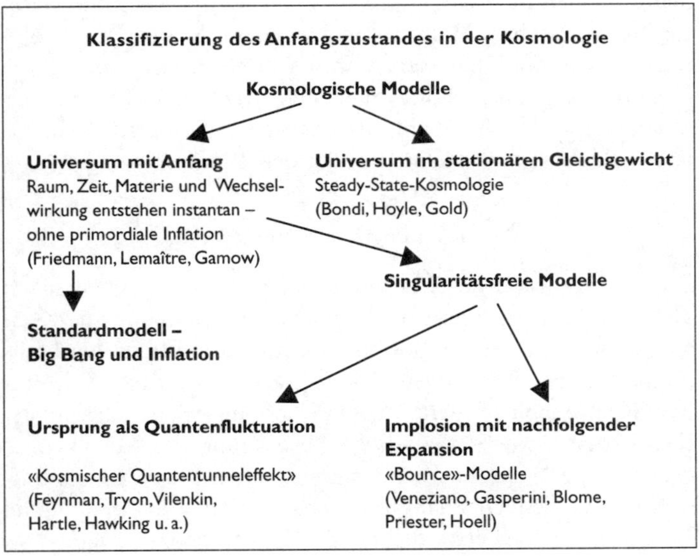

In einem ewigen, stationären Universum (Steady State Theory) verliert der Begriff des Anfangszustandes seinen Sinn. Genauso liegt der Fall auch in Andrej Lindes Theorie der ewigen chaotischen Inflation, wo sich immer wieder neue Expansionsblasen innerhalb der alten bilden. Somit kann ebenso wenig von einem Ursprung alles Seienden gesprochen werden.

2. Quantenkosmologie

In der Evolution von den Elementarteilchen bis zu den Atomen und bei den Wechselwirkungen der Photonen mit der Materie waren die Gesetze der Quantenmechanik grundlegend. Aber die Verbindung zwischen Quantentheorie und Kosmologie ist fundamentaler als die für die Berechnung der Wechselwirkungen zwischen Elementarteilchen notwendige Berücksichtigung quantenmechanischer Gesetze in der heißen und dichten Frühphase des Universums. Die Welt kann nicht zur Hälfte klassisch und zur anderen Hälfte eine Quantenrealität sein, wie es einmal Richard Feynman auf den Punkt brachte. Daher wird heute versucht, die Quantentheorie auf Raum, Zeit und Materie im kosmischen Maßstab anzuwenden. Analog der erfolgreichen Beschreibung der Stabilität der Atome durch die Quantenmechanik erhofft man sich von einer Theorie der Quantengravitation, singularitätenfreie kosmologische Modelle zu finden, in denen keine Ränder der Raumzeit existieren.

Der kosmologische Tunneleffekt

Da die Expansion des Weltraums einem Gesetz folgt, wonach die Ausdehnung proportional zur Quadratwurzel aus der Zeit anwächst, bedeutet eine formale Extrapolation über den Nullpunkt hinaus zu negativen Zeiten ($t < 0$), dass der «Weltradius» $R(t)$ imaginär wird. Vom Standpunkt der klassischen Kosmologie ist eine analytische Fortsetzung der Metrik über den singulären Punkt hinaus sinnlos. Eine imaginäre Zeitkoordinate ist jedoch charakteristisch für quantenmechanische Tunneleffekte, wie etwa beim α-Zerfall von Atomkernen.

Im Rahmen einer noch unausgereiften Quantenkosmologie versuchen gegenwärtig die Astrophysiker, tatsächlich den Ursprung des Kosmos als Quantentunneleffekt zu verstehen. Danach tunnelt ein Raum mit $n \geq 4$ Dimensionen in eine (3+1)-dimensionale Raum-Zeit. Das heißt, der Übergang von der Quantenära in die klassische Epoche ist mit einem Wechsel der Signatur in der Metrik verbunden. Vom mathematischen Standpunkt lässt sich dann kein Anfangswertproblem (Cauchy-Problem) mehr formulieren. Damit werden Fragen nach dem Anfang der Zeit und dem Ursprung des Universums «unstellbar», denn das deduktiv-nomologische Erklärungsschema erfordert bei der Anwendung auf die Wirklichkeit eine kausale Raum-Zeit-Struktur, die mit der Signatur der Raumzeit verknüpft ist. Dies beinhaltet die Begrenzung der Anwendbarkeit des Begriffes der relativistischen Kausalität. Das heißt, die Verknüpfung von Ursache und Wirkung ist nur auf Ereignisse diesseits der Anfangssingularität möglich. Carl Friedrich von Weizsäcker meinte hierzu einmal: *Sieht man keinen Sinn in der Frage, was in der Zeit vor dem Anfang der Welt geschehen sei – so braucht man ebenso keinen Sinn in der Frage zu sehen, welche präexistente Ursache die Welt zum Dasein gebracht habe. … Es ist die Welt, deren Sein Bedingung der Möglichkeit eines sinnvollen Gebrauches von Kausalbegriffen ist.*

Der Ursprung unseres Universums ist demzufolge möglicherweise kein Anfang, sondern ein Übergang: Ein zeitloses Universum tunnelt in einen expandierenden Kosmos mit pseudoeuklidischer Geometrie mit drei Raumdimensionen und der Zeit. Diese «Verräumlichung» der Zeit in der Quantenära löst nicht das Problem des Anfangs, aber macht die Anwendung dieser Frage im Kontext des theoretischen Modells obsolet.

Jenseits der Schwelle der klassischen Kosmologie, die durch die Planck-Zeit charakterisiert wird, liegt die Quantenära des Universums, in der die klassische Raum-Zeit-Geometrie infolge der Quantenfluktuationen der Metrik zusammenbricht. Das heißt, die Ausdehnung des Weltraums R(t) und die Expansionsrate sind dann nicht mehr eindeutig und präzise definiert.

Analog zur Quantenmechanik werden beide Größen zu Operatoren, die den Heisenberg'schen Unbestimmtheitsrelationen gehorchen. Heute versucht die Quantenkosmologie, den ganzen Kosmos als quantenmechanisches Objekt zu beschreiben. Die entsprechende Verallgemeinerung der Schrödinger-Gleichung ist die Wheeler-de-Witt-Gleichung, deren Lösung die Wellenfunktion des Universums liefern soll. Vorläufige Ergebnisse zeigen, dass bei Berücksichtigung der Quantentheorie die Singularität der Weltmodelle der klassischen Kosmologie vermieden werden kann. Der Quantenzustand des Universums lässt sich nach Feynmans Pfadintegralmethode als Aufsummierung verschiedener mehr oder weniger wahrscheinlicher Entwicklungen des Universums auffassen. J. Hartle und S. Hawking schlugen 1983 dafür eine Klasse von Raum-Zeit-Geometrien ohne räumliche Grenze vor («Keine-Grenzen-Hypothese»). Auch bei dieser Hypothese besteht das Quantenuniversum in der imaginären Zeit immer schon als zeitloser Raum («Parmenides-Welt»). Quantenfluktuationen lösten den Übergang in einen Kosmos mit einer Zeitdimension und drei Raumdimensionen aus. Auch die derzeitigen Hypothesen der Quantenkosmologie bleiben meist noch im Dualismus von Materie und Geometrie verhaftet. Aber bereits Einstein (1954) vermutete: ... *Die gegenwärtige Relativitätstheorie beruht auf einer Spaltung der Realität in metrisches Feld (Gravitation) einerseits und Materie andererseits. In Wahrheit dürfte das Raumerfüllende aber von einheitlichem Charakter sein und die gegenwärtige Theorie nur als Grenzfall gelten. ... Man darf deshalb die Gültigkeit der Gleichungen auf Gebiete sehr hoher Feld- und Materiedichte nicht voraussetzen, und man darf nicht schließen, dass der Anfang der Expansion in mathematischem Sinn eine Singularität bedeuten müsse.*

Ein grundsätzlich anderer Ansatz zur kosmologischen Frage ergibt sich im Rahmen des von Carl Friedrich von Weizsäcker vorgeschlagenen Konzeptes einer «abstrakten» Quantentheorie, die den Zustandsraum des Kosmos auf das Tensorprodukt zweidimensionaler Zustandsräume zurückführt – die zugehörigen Elementarobjekte sind die von Carl Friedrich von

Weizsäcker so genannten Ur-Alternativen oder «Ur's». Diese abstrakte Quantentheorie geht im Gegensatz zur Quantenmechanik nicht von konkreten Elementarteilchen im Weltraum aus, sondern Teilchen und Geometrie erweisen sich als abgeleitete Begriffe. Physikalische Bedeutung könnte dieser hypothetische Entwurf einer abstrakten Quantentheorie durch die aktuellen Entwicklungen im Bereich der Quantencomputertheorie erlangen, wo der Begriff des «Ur»-Objektes unter der Bezeichnung Qubit als elementare Informationseinheit wieder auftaucht.

Universum – eine Quantenfluktuation?

Im heutigen Universum herrscht aufgrund der anziehenden Gravitationskraft nahezu eine Balance zwischen der mit der Expansion verbundenen kinetischen Energie der Materie und der potentiellen Energie. Bereits 1947 spekulierte Pascual Jordan, dass die Gesamtenergie des Weltalls null sei, weil die Summe der Einzelenergien aller Teilchen im Kosmos größenordnungsmäßig gleich dem Betrag ihrer wechselseitigen Gravitationsenergie sei:

$$E = Mc^2 - \frac{GM^2}{R} \approx 0.$$

Kombiniert man diese auch von Feynman (1962) erörterte Möglichkeit mit der Heisenberg'schen Unbestimmtheitsrelation

$$\Delta t \cdot \Delta E \approx h,$$

kommt man zu der von Tryon (1973) aufgestellten Hypothese: Wenn die Gesamtenergie des Universums nahezu null ist, dann ist es möglich, dass unser Universum vor ca. 14 Milliarden Jahren spontan als langlebige Quantenfluktuation aus dem Vakuum entstanden ist. In einem von Brout, Englert und Gunzig (1977) vorgeschlagenen Modell ereignet sich diese Fluktuation als Vakuuminstabilität in einer a priori vorausgesetzten (leeren) Minkowski-Raumzeit.

3. Nichtsingulärer Anfang – Big Bounce

Während in den Modellen von Hawking, Hartle, Vilenkin u. a. der Kosmos vor der Planck-Zeit in einem zeitlosen quantenphysikalischen Anfangszustand ohne Grenzen mit einer endlichen, aber statischen Ausdehnung verharrte, beginnt in einem alternativen Szenario die kosmische Entwicklung mit der Implosion eines nur mit virtueller Materie oder mit Superstrings durchsetzten Weltraumes, der sich bis auf einen Minimalradius zusammenzieht und dann wieder expandiert.

Bei diesen «Big Bounce»-Modellen, die nicht zu verwechseln sind mit einem oszillierenden Weltmodell, geht man von der Annahme eines ursprünglich materiefreien Kosmos aus. In der «leeren» Raumzeit befinden sich noch alle Materiefelder in ihrem Grundzustand. Vor Beginn der Expansion war der kontrahierende Weltraum nur von der Energie des Quantenvakuums erfüllt. Erst nach der Passage des minimalen Radius kommt es in diesem Modell zu einem Phasenübergang, in dem die Energiedichte des Vakuums zum überwiegenden Teil materialisiert wird. Diese Vorstellung wird gestützt durch die Quantenfeldtheorie, wonach reale Materie (Elementarteilchen) nur eine Anregungsform von Materiefeldern oder von Superstrings ist, die den Raum permanent durchsetzen. Insofern sind Quantenvakuum und/oder Superstrings den realen Teilchen begrifflich vorgeordnet. Daraus ergibt sich zwangsläufig die Hypothese, dass sie auch zeitlich in der Raumzeit vor der Materie existierten. Dieses Szenario entkoppelt – im Gegensatz zum singulären Standardmodell – die Entstehung der Materie von der Formierung der Raumzeit. Nach Durchlaufen der minimalen Ausdehnung – bei einem Radius, der mindestens der Planck-Länge entspricht – erfolgt zunächst eine Phase exponentieller Expansion, an deren Ende die Umsetzung der Vakuumenergie in reale Teilchen sowie Antiteilchen und Photonen steht. Am Ende bleibt ein «Bodensatz» von Vakuumenergie erhalten, der möglicherweise gerade der von Albert Einstein eingeführten kosmologischen Konstante entspricht.

Singularitätsfreier Anfang kosmischer Entwicklung

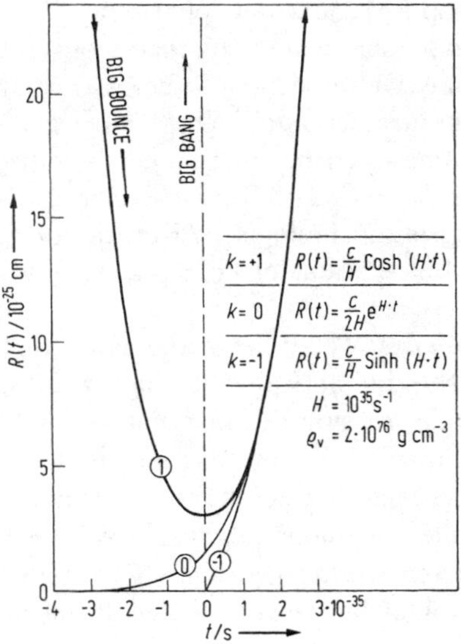

Skalenfaktor R(t) für drei de-Sitter-Modelle des frühen Kosmos im Zeitbereich 10^{-35} s. BIG BOUNCE = Modell mit sphärischer Metrik (k = +1). Das euklidische Modell (k = 0) beginnt mit R = 0 bei t = –∞, das Modell mit hyperbolischer Metrik (k = –1) bei t = 0 mit R = 0. Die Energiedichte des Vakuums ist in allen Modellen konstant und entspricht $\rho_V = 2 \cdot 10^{76}$ g cm^{-3}. Die Größe des Kosmos bei Beginn der Expansionsphase kann im Bereich $L_{Pl} \leq R_{min} \leq 10^8 L_{Pl}$ liegen.

Das Urknall-Modell ist durch die nahezu vertikale Linie (gestrichelt) dargestellt. Der Übergang vom frühen nichtsingulären Kosmos in den späteren Strahlungs- und Materiekosmos ist analog dem Übergang eines hochangeregten Atoms in seinen Grundzustand mit einer von null verschiedenen Grundzustandsenergie. Die heutige Energiedichte des Vakuums ist positiv, und die Krümmung des Weltraums ist – analog zu einer Kugeloberfläche – geringfügig positiv. Die kosmologische Konstante/Vakuumenergie beschleunigt die Expansion und repräsentiert einen wesentlichen Anteil der «Dunklen Energie» in der Welt.

4. Zyklische Urknall-Modelle

Bereits Friedmann-Modelle mit sphärischer Geometrie (k = +1) und verschwindender kosmologischer Konstante repräsentieren oszillierende Weltmodelle. Geschlossene, zyklisch expandierende und kontrahierende Weltmodelle stehen mit den (derzeitigen) grundlegenden Beobachtungen – mittlere Dichte der realen Materie $\rho_M = (0.2-2.9) \cdot 10^{-30}$ g/cm^3, der vorhandenen virtuellen Materie (kosmologische Konstante) $\rho_\Lambda \approx 10^{-29}$ g/cm^3 und einem Hubble-Parameter $H_0 = (72\pm8)$ km/(s Mpc) – nicht im Einklang.

Das Problem des Weltanfangs thematisiert haben Richard Gott und Li-Xin Li im Rahmen einer äußerst spekulativen Hypothese, in der sie von der relativistischen Möglichkeit geschlossener zeitartiger Kurven Gebrauch machen. Wie Kurt Gödel zuerst gezeigt hat, enthalten Lösungen der Einstein-Gleichungen, die rotierende Raum-Zeit-Geometrien repräsentieren, geschlossene zeitartige Linien. Gott und Li setzen diese begriffliche Möglichkeit ein, um das Problem des Anfangs zu lösen. Es geht danach gar nicht mehr darum, die Entstehung des Universums aus dem Nichts zu begreifen, sondern sich zu überlegen, ob die Naturgesetze es prinzipiell verbieten, dass das Universum sich selbst erzeugt. Der Begriff der Selbsterzeugung, der auf den ersten Blick widersprüchlich oder absurd erscheint, macht Sinn in einer Welt, in der zu extrem früher Zeit geschlossene Weltlinien vorhanden sind. In einer solchen Welt nach dem frühesten Zeitpunkt zu fragen, gliche der Frage nach dem östlichsten Punkt auf unserer Erde. Wir können auf der Erde so weit nach Osten gehen, wie wir wollen, wir werden nie auf einen Punkt stoßen, der einen Rand darstellt. Ebenso könnte es im frühen Universum eine kurze Epoche gegeben haben, in der jedes Ereignis einen Vorgänger besitzt, ohne dass ein zeitlicher Rand vorhanden wäre. Bewegte man sich also in diese frühe Epoche zurück, würde man auf einen Bereich mit geschlossenen Weltlinien stoßen, in der es keine erste Ursache gibt. Gott und Li konnten die prinzipielle Konsistenz solcher Räume zeigen und überdies auch nachweisen, dass in einigen von ihnen aus dem metastabilen Vakuum durch Inflation wieder neue Wellen entstehen können, die entweder zu Schwarzen Löchern kollabieren oder aber über Tunnelvorgänge neue expandierende Raumzeiten hervorbringen. Da das inflationäre Erzeugen von Babyuniversen einer Reproduktion derselben Raum-Zeit-Struktur gleichkommt, sprechen Gott und Li davon, dass das Universum als seine eigene Mutter fungieren kann. «Then the Universe neither tunneled from nothing, nor arose from a singularity; it created itself.» Ob diese Denkmöglichkeit aber indes Wirklichkeitsbezug hat, ist eine offene Frage.

Im Rahmen der Stringtheorie der Teilchen und Wechselwirkungen, die einen höherdimensionalen Raum als Arena brauchen, haben Paul J. Steinhardt (Princeton University) und Neil Turok (Cambridge University) ein zyklisches Weltmodell konzipiert. Danach bedingte der Zusammenstoß unseres Universums mit einem Paralleluniversum den Urknall, der dann unseren Kosmos mit Materie und Energie erfüllte. Für sich gesehen war der Big Bang zwar ein singuläres «Ereignis», wiederholt sich aber in Wirklichkeit auf zyklische Weise seit Ewigkeiten. Die von Steinhardt und Turok modifizierte Version des so genannten ekpyrotischen Modells[72] basiert auf der so genannten M-Theorie, einer Weiterentwicklung der kontroversen Stringtheorie. Die M-Theorie geht von der Richtigkeit des Urknalls aus und besagt, dass kurz nach diesem «Ereignis» sechs Dimensionen so weit zusammengeschrumpft sind, dass man sie nicht mehr beobachten kann und sie folglich vernachlässigbar sind. Dieser Theorie zufolge war unser Universum zunächst ein leeres, vierdimensionales Gebilde, besser gesagt eine vierdimensionale Membran, die gleichwohl nur einen Teil der im Stringmodell postulierten elfdimensionalen Raumzeit ausmacht und zu der ein spiegelbildliches Gegenstück existiert: ein Paralleluniversum. In diesem höherdimensionalen Raum stellt unser Universum eine «Bran» dar (abgeleitet von Membran), wobei die zweite «Bran» zu dem von Steinhardt und Turok postulierten Schattenuniversum gehört. Kollidieren nun diese beiden «Branes» miteinander, was laut Steinhardt und

Turok alle paar Billionen Jahre geschehen soll, «entzündet» sich ein Urknall. Dabei wird eine gewaltige Energiemenge in Form von Materie und Strahlung freigesetzt. Unmittelbar darauf bewegen sich die beiden «Branes» dann wieder voneinander weg (in der vierten Raumdimension), während sie sich innerhalb ihrer drei Raumdimensionen ausdehnen. Im Verlaufe ihrer Evolution entfalten sich die beiden neuen Universen gemäß der gängigen kosmologischen Theorie langsam unter Einwirkung der Dunklen Energie über einen Zeitraum von Milliarden von Jahren, wobei deren Expansion zuerst gebremst, dann aber beschleunigt wird, um in diesem Zustand schließlich für einige Billionen Jahre zu verharren. Für unser Universum hätte dies eine fortwährende Expansion zur Folge, wobei die durch die Energie des Urknalls erzeugte Materie im Zuge der Billionen Jahre währenden Expansion langsam ausgedünnt wird – bis die «Branes» schließlich wieder miteinander kollidieren und einen neuen Urknall produzieren. Dieser Vorgang soll sich alle paar Billionen Jahre wiederholen – bis in alle Ewigkeit.

5. Multiversum – Babyuniversen aus Schwarzen Löchern?

Eine andere Möglichkeit, der Frage nach dem speziellen Anfangszustand unseres Kosmos auszuweichen, besteht in der Annahme, dass die Welt, in der wir leben, nur ein Objekt in einem ganzen Ensemble von Welten ist. Die Frage nach dem Grund für die Existenz unserer speziellen Welt lässt sich mit einem Hinweis auf einen anthropischen Selektionseffekt beantworten. Aus dem Multiversum von Welten wird im Nachhinein durch die Perspektive der logisch notwendigen Voraussetzungen für die menschliche Existenz die Besonderheit unserer Welt in den Blick gerückt. Genau genommen handelt es sich bei diesem Vielwelten-Ansatz um eine einfallsreiche Übertragung von Feynmans Formulierung der Quantenmechanik, der gemäß ein Teilchen von einem Ort zum anderen gelangt, indem es alle möglichen Wege einschlägt, wobei die

Wahrscheinlichkeit, dass es an diesem anderen Ort auftaucht, durch die Aufsummierung aller Beiträge der dorthin führenden Wege erfolgt. Gegen die Vielwelten-Konzeption lassen sich allerdings eine Reihe von Einwänden bringen; so ist es nicht klar, wie man Wahrscheinlichkeiten in dieser Welten-Familie definiert bzw. wie es gelingen kann, ein Ensemble von Universen unter allen logisch möglichen auszuzeichnen.

Noch verzwickter wäre alles, wenn es zwischen der Singularität des Big Bang, jener Keimzelle des Universums, in der alles Entstandene, Vergangene und Werdende im Universum vor astronomisch langer Zeit einmal in einem extrem kleinen, extrem heißen, extrem dichten und extrem unerklärlichen Gebilde konzentriert gewesen war, und der Singularität von Schwarzen Löchern eine «qualitative» Parallele gäbe. Was wäre, wenn die Bedingungen und Verhältnisse in Schwarzen Löchern, jenen poststellaren Materie und Energie schluckenden kosmischen Schwerkraftfallen, in denen sogar Raum und Zeit das Zeitliche segnen, mit denen der Urknall-Singularität korrespondierten? Wäre es möglich, dass bei beiden Singularitäten ein und derselbe dichte Zustand vorherrscht? Entstünde dann nicht hinter jedem Horizont eines Schwarzen Loches ein neues Universum?

Inspiriert von diesen Fragen veröffentlichte der theoretische Physiker und Professor der amerikanischen Pennsylvania State University Lee Smolin 1999 eine ungewöhnliche Theorie, wonach die Singularität eines Schwarzen Loches nicht nur ein zerstörerisches, sondern auch zugleich ein kreatives Moment haben könnte.[73] Nach der Allgemeinen Relativitätstheorie enthalten Schwarze Löcher im Innern Singularitäten, die aber durch Quanteneffekte verhindert werden könnten. Auf diese Weise könnten Schwarze Löcher auch Verbindungen (Einstein-Rosen-Brücke) zu anderen oder auch neuen zu Kosmen triggern. Bei der Bildung von Schwarzen Löchern können also neue Welten entstehen. Aber jedes neue Universum unterscheidet sich in Naturkonstanten, Massenspektrum der Elementarteilchen, Stärke der Wechselwirkungen etc. von seinem jeweiligen «Mutteruniversum». Smolin geht mit seiner spekulativen, weder verifizierbaren noch falsifizierbaren Annahme noch einen Schritt weiter: Seiner Abschätzung nach hat unser Universum gerade solche Eigenschaften, die die Entstehung von Schwarzen Löchern begünstigen. Vielleicht sollte man es bei diesen so halten, wie es Wilhelm von Ockham (1285–1349) dereinst zu Papier brachte: *Wesenheiten soll man nicht über Gebühr vermehren, denn es ist eitel, etwas mit mehr zu erreichen, was mit weniger zu erreichen möglich ist.*

6. Stringkosmologie

Auf der Suche nach einer «Theory of Everything», der «Weltformel», geht es vor allem darum, die Prinzipien der Quantenmechanik mit den Prinzipien der Allgemeinen Relativitätstheorie zu verschmelzen. Einen viel versprechenden Ansatz bieten die Stringtheorien, die als Ausgangspunkt annehmen, dass Elementarteilchen nicht punktförmig sind, so wie wir uns Quarks und Leptonen «vorstellen», sondern dass sie eine Ausdehnung in einer fadenförmigen Schlaufe (String) oder in zwei Dimensionen (Membran) besitzen. Die fundamentalen Bausteine der Materie und die Feldquanten der Wechselwirkungen werden in der Stringtheorie als Schwingungen, d.h. Anregungszustände von eindimensionalen Strings oder zweidimensionalen Membranen in höher dimensionalen Räumen, interpretiert. Auch Raum und Zeit werden zu abgeleiteten Größen. Beim Versuch, eine Stringtheorie zu entwickeln, die mit den Prinzipien der Quantenmechanik vereinbar sein soll, wird deutlich, dass die Raumzeit eine spezielle Anzahl von Dimensionen haben muss. Eine realistischere Theorie, die auch fermionische, also halbzahlige Spin-Freiheitsgrade beinhaltet, muss in 10 Raum-Zeit-Dimensionen formuliert werden: mit einer Zeit-Richtung und neun Raum-Richtungen. Die Vorstellung ist hier, dass sich sechs der neun Dimensionen aufgerollt haben, man spricht von Kompaktifizierung der Extra-Dimensionen. Die Stringtheorie, die fermionische Freiheitsgrade zulässt, ist ferner supersymmetrisch. Supersymmetrie ist eine Symmetrie zwischen Bosonen und Fermionen.[74]

Die Superstringtheorie beinhaltet eine Quantenversion der Gravitation. Damit wäre – falls sich diese Theorie als korrekt erweist – eine Voraussetzung zur Beschreibung der Prä-Planck-Zeit gegeben. Erste Ansätze eröffnen sogar die Möglichkeit eines Pre-Big-Bang-Szenarios. Danach begann der Kosmos als ein kalter und im Wesentlichen unendlich großer Raum. Aufgrund einer Instabilität beginnt eine Implosion, die bei einer minimalen Ausdehnung von der Größenordnung der Planck-Länge in eine inflationäre Expansion übergeht.

X. Zukunft des Kosmos

Die Erde gibt es seit einigen Milliarden Jahren. Was die Frage nach ihrem Ende betrifft, so rate ich: abwarten und zusehen. (Albert Einstein)

1. Nur vorübergehende Epoche des Universums?

Diese von Einstein auf die Zukunft der Erde bezogene Aussage lässt sich heute auf den ganzen uns bekannten Kosmos ausdehnen. Unser Universum ist ca. 14 Milliarden Jahre alt. Die gegenwärtige Epoche ist geprägt durch die Existenz von Galaxien, die aus Milliarden leuchtender Sterne, Gas und Staub bestehen. Sternentstehung aus interstellarer Materie und das Ende von Sternen – nach dem Versiegen der nuklearen Energiequellen – sind ein andauernder Prozess. Fast alle Phasen der Sternentwicklung sind gegenwärtig am Himmel mit bodengebundenen oder satellitengetragenen Teleskopen beobachtbar. Die Voraussetzungen, dank derer sich die kosmischen Objekte von Atomen, Planeten, Sternen und Galaxien bis hin zu Lebewesen bilden konnten, entstanden im Laufe der Zeit im Rahmen des expandierenden Weltraums. Irreversibilität, das Wachstum der Entropie und die zunehmende Strukturierung der Materie – einhergehend mit der Zunahme von «Information» – sind dabei in dem wesentlich durch die Gravitation geprägten Universum miteinander verknüpfte Prozesse.

Die Zukunft von Erde, Sonne und unserem Milchstraßensystem, die langfristige Stabilität der Materie und der zukünftige Verlauf der Expansion des Weltraums sind uns zugänglich im Rahmen von Extrapolationen der Naturgesetze. Die Zukunftsprognosen für Atome, Sterne, Planeten und Galaxien sagen den Zerfall voraus: Die Sonne wird erkalten, Erde und andere Planeten werden sich im Weltraum verlieren, Galaxien sich auflösen, Schwarze Löcher verdampfen und Protonen zerfallen. Am Ende bleibt ein ewig expandierender Weltraum, gefüllt mit immer energieärmer werdenden Photonen und einigen Elementarteilchen.

Zwischen Anfang und Ende der Zeit entwickelt sich aus einem nahezu strukturlosen Anfangszustand die Vielfalt der kosmischen Gestalten in unserem Universum – von Schmetterlingen bis zu den Galaxien –, um sich dann wieder aufzulösen. Dem Leben ist in dieser Zeit der materiellen Organisation nur ein in kosmischen Maßstäben kleines lebensfreundliches Zeitintervall eingeräumt, so dass sich unweigerlich die Frage aufdrängt, ob die geordnete Welt, sprich der Kosmos, nur eine vorübergehende Epoche des Universums darstellt.

2. Naturgesetze und Prognose

Die Naturgesetze sind Strukturen der Wirklichkeit, der Regelhaftigkeit des Naturgeschehens selbst, die wir in mathematischer Form abbilden. Die formale Naturbeschreibung im Rahmen der Physik unterscheidet Naturgesetze und Anfangsbedingungen. Die Naturgesetze, etwa die Newton-Hamilton-Gleichungen der Mechanik, die Maxwell-Gleichungen der Elektrodynamik oder die Schrödinger- und Dirac-Gleichungen der Quantentheorie, beschreiben in allgemeiner Form die Zeitabhängigkeit physikalischer Zustände mithilfe von Differentialgleichungen. Sie heißen deterministisch, wenn der zukünftige Zustand eindeutig durch den gegenwärtigen Zustand und dessen momentane zeitliche Änderung bestimmt ist. Ein solcher Determinismus unterscheidet sich vom zeitgerichteten Konzept der Kausalität, wonach jedes Ereignis eine Ursache in der Vergangenheit haben muss. Zwei Ereignisse können nur dann miteinander kausal verbunden sein, wenn der Abstand zwischen ihnen zeitartiger Natur ist. Damit ist gemeint, dass sich physikalische Wirkungen zwischen zwei Ereignissen und Objekten maximal mit Lichtgeschwindigkeit ausbreiten können. Prognosen für die Zukunft des Kosmos haben die Struktur der «deduktiv-nomologischen Erklärung». Aus der Kenntnis des gegenwärtigen Zustands eines Systems, den Anfangsbedingungen, kann – gestützt auf die für den jeweiligen Prozess in Betracht kommenden Naturgesetze – der zukünftige Zustand berechnet werden.

- *Heutiger Anfangszustand + Naturgesetze → zukünftiger Zustand:* Diese Erklärungsstrategie beruht weiterhin auf der nicht in ihr enthaltenen Prämisse, dass die Naturgesetze auch in der Zukunft an jedem Punkt des Weltraums gültig sind und dass die Konstanz der Verlaufsformen im Naturgeschehen gewahrt bleibt. Die Möglichkeit der auf deterministischen Differentialgleichungen beruhenden Prognose der Zukunft des Kosmos hat ihre Grenzen in der Natur selbst und in der begrenzten Tragweite der Begriffe der Physik.
- *Determinismus-Hypothese der klassischen Physik:* In der klassischen Mechanik ist der Zustand eines Systems festgelegt, sobald Orts- und Impulskoordinaten aller beteiligten Teilchen (z. B. der Planeten unseres Sonnensystems) bekannt sind. Ausgehend von diesen Anfangsbedingungen ist dann der zukünftige Zustand, also die Position und Geschwindigkeit der Planeten, im Voraus berechenbar. Bei Kenntnis der Anfangsbedingungen von Ort x_0 und Geschwindigkeit v_0 erlauben die Newton'schen Bewegungsgleichungen die Vorhersage des Ortes zu einer späteren Zeit und die Berechnung der Bahn vom Anfang zum Zielpunkt.
- Es hat sich herausgestellt, dass der Prognose des zukünftigen Verhaltens von physikalischen Systemen Grenzen gesetzt sind, die einerseits mit der nichtlinearen Wechselwirkung zwischen den Teilen eines physikalischen Systems zusammenhängen («deterministisches Chaos») und andererseits durch die im Mikrokosmos herrschende objektive Unbestimmtheit von klassischen Eigenschaften bedingt sind (z. B. Unbestimmtheitsprinzip für die dynamischen Variablen *Ort* und *Impuls*).

3. Deterministisches Chaos und Unbestimmtheit der Quanten

Die mathematischen Naturgesetze können deterministisch sein, z. B. die Newton'schen oder Hamilton'schen Gleichungen der Himmelsmechanik, aber die Lösungen dieser Gleichungen sind es nur annäherungsweise. Jules Henri Poincaré (1854–1912) erkannte, dass es dynamische Systeme gibt, in denen sich winzige Störeinflüsse im Laufe der Zeit dramatisch und «unberechenbar» vergrößern können. Die Ursache für dieses Verhalten liegt in der nichtlinearen Dynamik begründet. Nur wenn der Vorhersagehorizont kleiner ist als die Lyapunow-Zeitskala – ein Maß für die exponentielle Zuwachszeit von Störungen aufgrund der nichtlinearen Wechselwirkungen im System oder äußerer Störungen –, sind numerische Prognosen möglich. Für die Erdbahn sind dies ungefähr vier Millionen Jahre. Die Gesetze der Himmelsmechanik erlauben für den Ort der Erde präzise Voraussagen einerseits nur im Rahmen der Genauigkeit der Anfangsbedingungen, sind aber andererseits begrenzt durch die Auswirkungen des Aufschaukelns von Störungen durch Wechselwirkung mit den anderen Körpern im Sonnensystem. Dies wiederum begrenzt den Vorhersagehorizont auf eine Zeitspanne von weniger als 100 Millionen Jahren.

In der Quantenmechanik sind die in der klassischen Newton'schen Mechanik vorausgesetzten Bedingungen, nämlich die vollständige und präzise gleichzeitige Kenntnis von Orts- und Impulskoordinaten, wegen der prinzipiellen Unbestimmtheit im atomaren und subatomaren Bereich, wie er in dem Heisenberg'schen Unbestimmtheitsprinzip zum Ausdruck kommt, nicht gegeben. Die Bewegung von «Teilchen», ihr zukünftiger Ort, kann nur noch durch Angabe der «Aufenthaltswahrscheinlichkeit» beschrieben werden. Die Zukunft folgt den Gesetzen der Quantentheorie nicht mehr streng deterministisch aus den Fakten der Gegenwart, sondern für zukünftige Ereignisse lassen sich nur noch Wahrscheinlichkeitsaussagen angeben. Aus quantentheoretischer Sicht gibt es daher auch keine zeitlich durchgängig existierende objektive Welt. Streng genommen präjudiziert die Welt der Gegenwart nur eine Möglichkeit der Zukunft. Eine noch so genaue Kenntnis der Gegenwart reicht wegen der objektiven Unbestimmtheit, die der Quantenstruktur unserer Welt innewohnt, nicht aus, um das zukünftige Geschehen vorherzusagen, sondern eröffnet nur ein bestimmtes Feld von Möglichkeiten, für deren Realisierung sich bestimmte Wahrscheinlichkeiten angeben lassen.

4. Unbekannter gegenwärtiger Zustand der Welt

Wegen der Endlichkeit der Lichtgeschwindigkeit und der Tatsache, dass jede Form der physikalischen Wechselwirkung, Bewegung oder Strahlung maximal mit Lichtgeschwindigkeit verlaufen kann, gibt es eine weitere Beschränkung für die zeitliche Entwicklung physikalischer Bewegungen oder Prozesse und für die Tragweite physikalischer Prognosen. Der Lichtkegel trennt die Ereignisse der Raumzeit in zukünftige und vergangene und in solche, zwischen denen eine kausale Beziehung bestehen kann. Es gibt nur einen begrenzten Kreis von zeitlich früheren Ereignissen, die günstigstenfalls auf ein herausgegriffenes Ereignis wirken können, wohingegen auf der anderen Seite der in der Zukunft liegende Wirkungsbereich eines Ereignisses auf den Vorwärtslichtkegel beschränkt ist.

Jede Voraussage eines Ereignisses ist darauf angewiesen, dass man den Anfangszustand des Kosmos auf irgendeiner weltweiten raumartigen Hyperfläche kennt, d.h. der Zusammenfassung aller mit einem Ereignis gleichzeitigen Ereignisse. Dies ist aber wegen der Endlichkeit der Lichtgeschwindigkeit nicht möglich. Die Anfangswerte sind nur in einem kleinen Raum-Zeit-Bereich bekannt, daher sind unsere Prognosen, basierend auf dem derzeitigen Kenntnisstand, auf das Innere und den Rand des Vorwärtslichtkegels begrenzt.

5. Schicksal des Kosmos

Die Friedmann-Lemaître-Kosmologie und die heutige Astrophysik erlauben nicht nur die Rekonstruktion der Vergangenheit, sie geben auch zusammen mit den heute bekannten physikalischen Gesetzen die Möglichkeit, die zukünftige Geschichte des Kosmos, der Sterne und Galaxien zu berechnen und die letzten Endzustände der Materie anzugeben.

Der Versuch einer kosmischen Eschatologie[75], die Extrapolation des gegenwärtigen Zustands des Kosmos in die Zukunft – auf der Grundlage derzeit bekannter Naturgesetze –, wurde im Rahmen der modernen Kosmologie zuerst von Martin Rees 1969 in einer *Eschatologischen Studie zur Zukunft eines kollabierenden Kosmos* versucht. Die Frage nach der zukünftigen Entwicklung der Welt, des Kosmos, war aus naturwissenschaftlicher Sicht aber bereits im 19. Jahrhundert nach der Formulierung der klassischen Thermodynamik gestellt worden. Helmholtz (1854) und Clausius (1865) stellten auf der Grundlage des 2. Hauptsatzes der Thermodynamik die Hypothese auf, dass das Ende der Welt ein Zustand maximaler Entropie sei («Wärmetod»). A. S. Eddington (1931) vermutete, dass die Materie sich langsam in Strahlung verwandelt, deren Energiedichte sich im Zuge der Expansion verdünnt: Am Ende wäre alles nur noch ein ewig expandierender Strahlungskosmos.

Zukunft der Sterne

Angesichts der geballten Leuchtkraft und energiestrotzenden Vitalität unserer Sonne fällt die Vorstellung gewiss nicht leicht, dass auch unser Heimatgestirn – wie alles auf und in dieser Welt – eines fernen Tages sein Leben aushauchen wird. Aber der Tod ist ein sowohl in der biologischen als auch kosmischen Evolution verankertes Naturgesetz – der Exitus von biologischem Leben, Planeten, Sternen und Galaxien unausweichlich. Insbesondere Sterne haben mit einem harten Schicksal zu hadern: Sind deren Energievorräte aufgebraucht, ist die Todesart nur noch eine Frage der Masse. Unsere relativ massearme

Sonne etwa wird sich erst in ferner Zukunft (4–5 Milliarden Jahren) zu einem Roten Riesen aufblähen, um dann – wie es in der märchenhaften Sprache der Astronomen heißt – als Weißer Zwerg zu enden. Aus dem einstigen Licht- und Wärmespender wird eine sich langsam abkühlende Sternleiche von einigen tausend Kilometer Durchmesser, in der die Atomkerne dicht an dicht gedrängt werden. Genau dieses Schicksal wird in etwa 100 Billionen Jahren alle Sterne ereilt haben. Dann tritt das Universum – von Sternleichen übersät – in eine neue Ära ein. Fortan dominieren Prozesse das Geschehen, die heute zu langsam ablaufen, als dass wir sie wahrnehmen: Stern- und Planetensysteme lösen sich durch Beinahekollisionen mit anderen Sternen oder durch Energieverlust infolge der Emission von Gravitationswellen auf; stabile Objekte desintegrieren wegen des Zerfalls von Protonen oder aufgrund quantenmechanischer Tunnelprozesse, Schwarze Löcher verdampfen. Nachdem diese – zum Teil noch hypothetischen, aber physikalisch begründbaren – Ereignisse eingetreten sind, beginnt endgültig die Phase der Finsternis. Die Temperatur der den Weltraum erfüllenden elektromagnetischen Strahlung strebt asymptotisch gegen den absoluten Nullpunkt.

Sterne entstehen – Sterne vergehen

Sterne entstehen in interstellaren Molekülwolken. An Orten, wo das Gas dichter ist, zieht die Schwerkraft der Dichtefluktuation das umgebende Gas an – die Gaswolke kollabiert. Nach zehn Millionen Jahren werden Temperatur und Dichte im Zentrum so groß, dass die Verschmelzung von Wasserstoff zu Helium einsetzt und Kernenergie freigesetzt wird. Sternentwicklung bedeutet fortgesetzte Kontraktion, zunächst der interstellaren Wolke, dann des Protosterns und schließlich der Kernregionen im Stern. Im Laufe der Entwicklung wechseln Kontraktionsphasen und stabile thermonukleare Brennphasen einander ab. Dabei werden, je nach anfänglicher Masse des Sterns, die schweren Elemente erzeugt: zunächst aus Wasserstoff, dann Helium, dann Kohlenstoff bis hin zum Eisen. Die längste Zeit verbringt ein Stern wie die Sonne mit der Fusion von Wasserstoff zu Helium.

Die Sternentstehung ist ein Beispiel, wie heute noch Neues entsteht. Das Werden hat jedoch eine Kehrseite: den Zerfall. Wenn die Energie erschöpft ist, schrumpfen Sterne zu allmählich erkaltenden Weißen Zwergsternen oder explodieren als Supernova und schleudern einen Teil ihrer Materie und ihrer Schlacke ins interstellare Gas zurück. Sternentwicklung ergibt sich als Wechselspiel von Gravitation und den nichtgravitativen Wechselwirkungen. Letztlich machen Sterne im Laufe ihrer Entwicklung nur vorübergehend «Anleihen» bei der Kernenergie. Der eigentliche Motor der Entwicklung ist die Schwerkraft, die den Stern zusammenzuziehen versucht, wobei sie durch den thermischen Druck, dessen Energiedichte aus den thermonuklearen Fusionsprozessen resultiert, immer wieder aufgehalten wird.

Intergalaktische Kollisionen und ewige Expansion

Sonnen blähen sich zu Roten Riesen auf, Planeten verdampfen, Sterne verabschieden sich mit gewaltigen Supernovae aus der stellaren Geschichte oder verewigen sich in der kosmischen Enzyklopädie als poststellare Gebilde, als Schwarze Löcher. Die Zukunft des Universums hält scheinbar viele Szenarien bereit, um dessen Ende, zumindest den Abschied der Materie aus dem Kosmos (oder seine Transformation in ein anderes Etwas), auf theatralische Art und Weise zu zelebrieren. Deutlich zum Ausdruck kommt dies, wenn zwei oder mehrere Galaxien mit- und ineinander verschmelzen, so wie es sich noch vor dem Ende des Zeitalters der Sterne zwangsläufig zutragen wird. Zweifelsohne ist die Kollision von Galaxien, wie beispielsweise der Zusammenstoß des Andromedanebels mit unserer Galaxis in etwa sechs Milliarden Jahren, unvermeidlich. Allerdings bleiben bei solch einem intergalaktischen Crash die meisten Sterne und mit ihnen die sie eventuell umkreisenden Planeten unversehrt, wobei aber das Gas zwischen den Sternen herausgefegt wird. Da der expandierende Weltraum die Abstände zwischen den Galaxien vergrößert, werden aber Kollisionen zwischen Galaxien schließlich immer seltener. Signifikant für die astrophysikalische Zukunft in einem permanent expandierenden Universum[76] wird dann vielmehr die stetig sinkende Temperatur sein. Und während in den Galaxien in ferner Zukunft die Bildung neuer Sterne zum Erliegen kommt, werden in den Sternen die thermonuklearen Reaktionen allmählich aufhören – nach 10^{14} Jahren auch in den strahlungsärmsten Sternen. Zurück bleiben die Endzustände der Sternentwicklung: Weiße Zwerge, Neutronensterne und vermutlich Schwarze Löcher. Durch Abstrahlung von Gravitationswellen werden Planetensysteme und Doppelsternsysteme zusammenschrumpfen. In Galaxienhaufen und Sternhaufen werden Galaxien bzw. Sterne durch Begegnungen entweichen, während gleichzeitig die Systeme als Ganzes zusammensintern. In den Zentralregionen kommt es dann zum Gravitationskollaps der Materie und vermutlich zur Bildung supermassiver Schwarzer Löcher.

Nach dieser durch die klassische Kosmologie bestimmten Epoche beginnt eine Ära, die wesentlich durch quantentheoretische Effekte gekennzeichnet ist: Tunneleffekte, die Weiße Zwerge und Neutronensterne zur Auflösung bringen oder die die Verdampfung Schwarzer Löcher bewirken. Ein weiterer wichtiger Meilenstein hängt mit der möglichen Instabilität des Protons zusammen. Als Konsequenz dieser Prozesse besteht das kosmologische Substrat am Ende nur noch aus geladenen Leptonen und Photonen. Vermutlich ist in einem flachen Universum dieser Zustand dynamisch nicht stabil. Vielmehr kann es in diesem extrem verdünnten, von niederenergetischen Photonen durchsetzten Paarplasma zu Wirbelbildungen kommen.[77]

Zukunft der Expansion

Die Dichte der Materie im Kosmos entscheidet, ob sich die Expansion ewig fortsetzt oder ob nach Erreichen eines Maximums der Ausdehnung sich der Weltraum wieder zusammenzieht. Vergleichbar ist diese Situation mit dem Start einer Rakete. Nur wenn die kinetische Energie größer ist als die potentielle Energie, welche die Rakete im Schwerefeld besitzt, stürzt sie nicht wieder auf die Erde. Das Verhältnis von mittlerer Dichte im Kosmos zur gegenwärtigen Expansionsrate bestimmt das zukünftige Expansionsverhalten und lässt zwei Möglichkeiten zu: Entweder kollabiert das Weltall nach Erreichen einer maximalen Ausdehnung, oder es expandiert ewig. Die aktuellen Beobachtungen sprechen für einen Kosmos mit beschleunigter Expansion, die durch die Energiedichte des Quantenvakuums ($\Lambda \neq 0$) getrieben wird.

XI. Teleskop als Zeitmaschine

Der Anblick des Himmels bietet Ungleichzeitiges dar. ... Vieles ist längst verschwunden, ehe es uns sichtbar wird, vieles war anders geordnet. (Alexander von Humboldt)

1. Blick in den Raum durch das Prisma der Zeit

Was H. G. Wells (1866–1946) einst in seinem 1895 erschienenen, mittlerweile legendären Zukunftsroman *The Time Machine* in einem utopischen Szenario andachte und was im heutigen Science-Fiction-Genre ein wichtiges dramaturgisches Element ist, bestimmt in gewisser Weise den Alltag der Astronomen. Visieren diese mit ihren Fernrohren weit entfernte Sterne an, unternehmen sie eine reale Zeitreise der optischen Art. Praktisch mit jedem Blick durch das Okular tauchen sie tief und direkt in die Vergangenheit des Kosmos ein und begegnen dabei Sternen, Galaxien und Quasaren dergestalt, wie diese einmal zu jenem Zeitpunkt ausgesehen haben, als das Licht sie gerade «verließ». Auch wenn für die auf Lichtwellen reitenden Photonen (die zugleich die Lichtwelle sind) selbst keinerlei Zeit vergeht, so dokumentiert doch jedes Photon gleichzeitig den temporären Charakter des Universums, das wiederum selbst kein statisches, sondern ein ausgesprochen historisch gewachsenes Gebilde ist. Jedes Photon, das nach seiner langjährigen einsamen Odyssee durch das «leere» Weltall auf die Erde trifft, ist ein mit Informationen bepackter Gesandter aus vergangenen Tagen. Selbst das Licht unseres Heimatgestirns braucht achteinhalb Minuten, um die 150 Millionen Kilometer Distanz zur Erde mit einer Geschwindigkeit von knapp 300 000 Kilometer in der Sekunde zu überbrücken. Schauen wir auf das Zentrum unseres Milchstraßensystems, erleben wir seine Ahnenzeit, so wie es vor annähernd 30 000 Jahren ausgesehen hat. Und bewundern wir die Schönheit des 2,25 Millionen Lichtjahre entfernten Andromedanebels, präsentiert sich uns das Abbild einer kosmo-archaischen Spiralgalaxie, in der viele der dort eingebetteten Sterne inzwischen ihr Leben längst wieder ausgehaucht haben. Es ist eine Momentaufnahme einer fernen «Welteninsel», die zu einer Zeit gemacht wurde, als der Homo rudolfensis, ein Vorfahre des Homo sapiens, auf der Erde gerade seine Blütezeit erlebte.

Die «Zeitmaschinen» der Postmoderne – von den erdgebundenen bis hin zu den im Orbit treibenden Observatorien – führen uns geradezu unerbittlich wie der Zeiger einer Uhr vor Augen, dass unsere astronomische Vergangenheit nicht hinter, sondern vor uns liegt. Was wir ad oculos erfassen, ist nichts anderes als vergangene Gegenwart des Universums.

Gleichwohl ist uns der Weltraum als Ganzes in seiner zeitlichen Entwicklung nicht zugänglich – der Blick sub specie aeternitatis ist uns verwehrt. Die Astronomen sehen allenfalls ein retardiertes Bild des Kosmos. Weder der heutige Zustand noch die Entwicklung einzelner Objekte sind beobachtbar, sondern nur eine Mischung aus Zustands- und Entwicklungsdaten. Daraus resultiert eine weitere spezifische Schwierigkeit der Kosmologie. Raum-, Zeit- und Objektfragen sind miteinander verflochten: Wir können nicht in große Entfernungen schauen, ohne gleichzeitig in die Vergangenheit zurückzublicken. Beobachten lassen sich nur Objekte mit eigener Geschichte und Entwicklung. Mit anderen Worten: Die «Zeitmaschine Teleskop» gewährt uns nur einen Blick in die Vergangenheit des Kosmos, wobei das sich dem Beobachter entziehende «Jenseitige» des Kosmos schlichtweg seine Gegenwart und Zukunft ist. Was abseits der im kosmischen Ozean treibenden Nussschale Erde im Universum «gegenwärtig» oder erst in ferner Zukunft geschieht, wird – je nach Weltmodell – möglicherweise für alle Zeit jenseits unseres Erkenntnishorizonts bleiben.

2. Unsichtbarer Urknall mit Lichtecho

Die heute das Universum isotrop durchflutende Mikrowellen-Hintergrundstrahlung hat ihren Urspung im frühen Kosmos. Ihr Herkunfts- und Geburtsort stellt die Forschung aber vor eine unüberwindbare Grenze. Denn je weiter sie in die Vergangenheit zurückgehen, desto undurchsichtiger wird das Universum. Es gibt eine Grenze, von jenseits derer das Licht nicht mehr zu uns gelangen kann.

Unmittelbar nach dem Urknall konnten lediglich freie Elektronen und Protonen existieren, die erst mit der Ausdehnung des Kosmos und dem Absinken der Temperaturen kollidierten und zu Wasserstoffatomen wurden. Erst als die Temperatur auf 4000 Kelvin gesunken war, verbanden sich Elektronen und Protonen zu neutralem Wasserstoff. Dadurch wurden dem Gas freie Ladungsträger entzogen, die zuvor die Strahlung so stark gestreut hatten, dass das Gas undurchsichtig wurde. Nach der Formierung der Atome wurde das Gas durchsichtig, und die Strahlung konnte sich nahezu frei ausbreiten. Erst jetzt konnten sich die Photonen ungehindert bewegen – der Weltraum wurde durchsichtig. Noch heute ist der Kosmos von diesen Lichtteilchen oder elektromagnetischen Wellen durchflutet. Da das Universum für elektromagnetische Strahlung jeder Art, insbesondere aber für Licht, undurchsichtig war, ehe es etwa 400 000 Jahre nach dem Urknall auf rund 4000 Kelvin abkühlte, können wir demzufolge heute nicht sehen, was sich vor langer Zeit jenseits dieses Horizonts abspielte. Unser «Blick» endet dort, wo er in eine frühe Epoche ragt, in der die Temperatur der kosmischen Materie höher und das Universum eine brodelnde, hauptsächlich aus Protonen, Elektronen und Photonen bestehende Masse war. Die Fernsicht in den frühen Weltraum ist durch die kosmische Photosphäre versperrt – so als würde man den blauen Himmel durch die Unterseite von Wasserdampfwolken betrachten.

3. Frühzeit des Materiekosmos – Universum incognitum

Zwischen der durch die Hintergrundstrahlung gegebenen Photonenbarriere, der «kosmischen Nebelwand» und unserem augenblicklichen Horizont, der von der Leistungsfähigkeit und Reichweite der Weltraumteleskope (z. B. *Hubble*) und erdgebundenen Fernrohre (wie etwa der europäischen Südsternwarte ESO in Chile) abhängt, liegt ein derzeit noch nicht erschlossenes Universum incognitum. Die Weltraum-Astronomie im nächsten Jahrhundert wird versuchen, in dieses Raum-Zeit-Gebiet vorzustoßen und ihre Zielobjekte zu suchen: z. B. protogalaktische Wolken und in der Entstehung befindliche Galaxien.

Es ist zwar richtig, dass der in die Vergangenheit weisende Blick der Teleskope an der kosmischen Photosphäre endet und einen direkten Einblick in die Frühgeschichte des Kosmos verhindert. Aber trotzdem verfügen wir über Informationen (primordiale Nukleosynthese, Spektrum der Hintergrundstrahlung) des physikalischen Zustands des sehr frühen Kosmos, jenseits des Schleiers der kosmischen Photosphäre.

Die Mikrowellen-Hintergrundstrahlung, die den ganzen Kosmos durchflutet, besteht aus Photonen, die ebendieser kosmischen Photosphäre entsprangen. Die bislang beobachtete Häufigkeit der leichten chemischen Elemente Wasserstoff, Deuterium und Helium korrespondiert mit dem physikalischen Modell eines heißen und sich schnell ausdehnenden Weltraums (etwa 180 Sekunden nach dem Anfang). Gestützt auf diese Beobachtungsdaten – gewonnen mit irdischen und im Orbit schwebenden Teleskopen –, können wir uns heute mithilfe physikalischer Theorien ein abstraktes Bild vom sehr frühen Kosmos machen. Zwar kann es ein «Bild des Urknalls» analog zu einem Foto oder einem Blick in die Landschaft niemals geben. Aber dennoch wird sich unser Bild vom Kosmos auch in der Zukunft verfeinern. Der Blick immer weiter hinaus in die Vergangenheit wird auch weiterhin kein Blick ins Nichts sein.

4. Der Urknall im Visier

Die Entwicklung des Universums zum Kosmos begann nach derzeitigem Kenntnisstand vermutlich mit einem heißen, dichten und kompakten Anfangszustand – metaphorisch «Urknall» genannt. Was jenem Anfangszustand voranging, ist derzeit ungeklärt, weil die dafür notwendige konsistente Vereinigung von Relativitäts- und Quantentheorie noch nicht gelungen ist. In der Geschichte der Astronomie und Kosmologie lässt sich immer wieder das Ineinandergreifen neuer Denkformen und Hypothesen und die Entdeckung neuer Phänomene – oft mittels neuer Instrumente oder verbesserter Teleskope – feststellen. Daher besteht die begründete Hoffnung, dass auch die Frage nach dem Ursprung des Urknalls noch eine Antwort findet im Rahmen einer zukünftigen Quantengravitationstheorie. Aber auch diese Antwort wird nicht voraussetzungslos und ultimativ sein. Der belgische Astrophysiker und katholische Priester Georges Lemaître (1894–1966) formulierte es so: *Wir kamen zu spät, darum bleibt uns nichts anderes mehr übrig, als den prachtvollen Geburtstag der Schöpfung in (mathematische) Bilder zu kleiden.*

Der Fortschritt der extragalaktischen Astronomie in den letzten fünf Jahrzehnten ist insbesondere geprägt von Teleskopen und Detektoren an Bord von Satelliten im Weltraum, die es ermöglichen, den Himmel auch jenseits der Farben des Regenbogens zu analysieren. Die Weltraumtechnik hat in der zweiten Hälfte unseres Jahrhunderts der Astronomie neue raumzeitliche Dimensionen eröffnet und einen Himmel sichtbar gemacht, der zuvor in weiten Bereichen von der Erdatmosphäre verschleiert war. Wenn wir unsere Teleskope zum Himmel richten, dann liegen aber nicht nur die strahlenden Fassaden der Galaxien und Sterne vor uns, sondern auch die Geschichte des Universums. Jeder Blick hinaus ist ein Blick in die Vergangenheit. Ein Blick zurück in die ferne Vergangenheit dient der Suche nach den ersten Objekten, die sich nach dem nahezu strukturlosen Anfangszustand formten. Man möchte die Entstehung und frühe Entwicklung der ersten Galaxien und die großräumige Verteilung der Gruppen und Haufen von Galaxien entschlüsseln. Das Weltraumteleskop *Hubble* (HST) hat Galaxien abgebildet, die ihr Licht schon 800 Millionen Jahre nach dem Urknall emittiert haben. Frühestens im Jahr 2018 soll das *James Webb Space Telescope* (JWST) das HST ablösen. Mit einem mehr als zweimal so großen Hauptspiegel wird es dann das größte weltraumgestützte Observatorium sein, das im sichtbaren und im infraroten Licht beobachten und noch weiter schauen kann als sein Vorgänger. Da das Universum für elektromagnetische Strahlung jeder Art, insbesondere aber für Licht, undurchsichtig war, ehe sich das kosmische Substrat – etwa 400 000 Jahre nach dem Urknall – auf rund 3000 K abkühlte, können wir nicht sehen, was vorher passierte. Der Blick in den frühen Weltraum ist durch die kosmische Photosphäre ähnlich versperrt wie der Blick an den blauen Himmel durch die Unterseite von Wasserdampfwolken. Die damals freigesetzte elektromagnetische Strahlung durchflutet heute in Form von Mikrowellen das expandierende Universum. Wir sehen in ihnen das Nachglühen der heißen Anfangsphase des Universums.

Das Weltraumteleskop *Planck* der europäischen Weltraumagentur ESA hat in den letzten Jahren den Mikrowellenhimmel mit nie zuvor erreichter Genauigkeit vermessen und das derzeitige Standardmodell der Kosmologie bestätigt. Aus den Messungen mit *Planck* ergibt sich, dass das Universum zu 4,9 Prozent aus gewöhnlicher Materie, zu 26,8 Prozent aus Dunkler Materie und zu 68,3 Prozent aus Dunkler Energie besteht. Der aus den Daten ableitbare Hubble-Parameter, der die lokale Expansionsrate des Universums beschreibt, beträgt 67.15 ± 1.2 Kilometer pro Sekunde und Megaparsec.[78] Die Messungen ergeben für das Alter des Universums einen Wert von ca. 13.82 Milliarden Jahren.

Parameter des aktuellen Friedmann-Lemaître-Modells

Hubble-Parameter: H_0 = 67 km/(s · Mpc) bis 74 km/(s · Mpc) (Expansionsrate)

Dichteparameter (Quotient der jeweiligen Dichte ρ zur kritischen Dichte $\rho_c = 3 H_0^2/(8\pi G)$):

baryonische Materie	$\Omega_B = 0.049 \pm 0.007$
Dunkle Materie	$\Omega_{DM} = 0.269 \pm 0.0069$
Dunkle Energie	$\Omega_{DE} = 0.683$
Elektromagnetische Strahlung	$\Omega_R = 8 \cdot 10^{-5}$
Neutrinos	$\Omega_N = 0.001 - 0.005$?

Die Dichte der sichtbaren (baryonischen) Materie im Kosmos liegt bei etwa 10^{-26} kg/m^3

Ende der Plasmaepoche	t_{dec} = 380 000 Jahre
Beginn der beschleunigten Expansion	$t_* = 7.5 \cdot 10^9$ Jahre
Bildung des Sonnensystems	$t_{SoSy} \geq 9.2 \cdot 10^9$ Jahre
Weltalter (Zeit seit «Big Bang»)	$t_0 = 13.82 \pm 0.06$ Milliarden Jahre

Das bedeutet, dass das Universum eine fast-euklidische Raumgeometrie hat und sich seit ca. 5 Milliarden Jahren in einem Zustand beschleunigter Expansion befindet.

Die aktuelle Präzisionskosmologie darf aber nicht darüber hinwegtäuschen, dass die grundlegenden Fragen nach der Identität der Dunklen Materie und der die Beschleunigung der Expansion bewirkenden Dunklen Energie nicht beantwortet sind. Modifizierte kosmologische Modelle, die auch der schwach ausgeprägten Inhomogenität Rechnung tragen, werfen möglicherweise auch ein neues Licht auf die Interpretation der beschleunigten Expansion. Die Weltraumteleskope der nächsten Dekade, wie z. B. das *James Webb Space Telescope* (NASA, Start 2018), das Weltraumteleskop *Euclid* (ESA, Start 2020) und auch das im Bau befindliche *European Extremely Large Telescope* der Europäischen Südsternwarte (ESO) werden mit ihren weitreichenden Detektoren zu einem besseren Verständnis des Kosmos führen.

Literatur

Adams, F. C., Laughlin, G. (2000): Die fünf Zeitalter des Universums. Deutsche Verlagsanstalt, Stuttgart und München.

Audretsch, J., Mainzer, K. (1989): Vom Anfang der Welt – Wissenschaft, Philosophie, Religion, Mythos. Verlag C. H. Beck, München.

Barrow, J. (1998): Der Ursprung des Universums – Wie Raum, Zeit und Materie entstanden. C. Bertelsmann, München.

Barrow, J. (2011): Das Buch der Universen. Campus Verlag, Frankfurt a. M.

Barrow, J., Tippler, F. (1986): The Anthropic Cosmological Principle. Oxford University Press, Oxford.

Bartelmann, M. (2010): The dark Universe. Reviews of Modern Physics, Vol. 82.

Bennet, J. et al., Harald Lesch (Hg.) (2010): Astronomie – Die kosmische Perspektive. Pearson Education, München.

Benz, A. (1997): Die Zukunft des Universums. Patmos Verlag, Düsseldorf.

Blome, H.-J., Priester, W., Hoell, J. (2003): Kosmologie. Walter de Gruyter Verlag, Berlin.

Börner, G. (2003): The early universe. Springer Verlag, Berlin.

Börner, G. (2009): Das neue Bild des Universums – Quantentheorie, Kosmologie und ihre Bedeutung. Pantheon Verlag, München.

Breuer, R. (1981): Das Anthropische Prinzip. Meyster Verlag, München.

Coles P., Ellis G. F. R. (1997): Is the Universe open or closed? Cambridge University Press, Cambridge.

De Duve, C. (1995): Aus Staub geboren. Leben als kosmische Zwangsläufigkeit. Spektrum Akademischer Verlag, Heidelberg, Berlin, Oxford.

Ditfurth, H. v. (1975): Im Anfang war der Wasserstoff. Hoffmann und Campe Verlag, Hamburg.

Dyson, F. (1989): Zeit ohne Ende – Physik und Biologie in einem offenen Universum. Brinkmann und Brose, Berlin.

Goenner, H. (1994): Einführung in die Kosmologie. Spektrum Akademischer Verlag, Heidelberg.

Görnitz, T. (1999): Quanten sind anders. Die verborgene Einheit der Welt. Spekt. A. V., Heidelberg.

Green, B. (2000). Das elegante Universum. Siedler Verlag, Stuttgart.

Hawking, S. (1993): The Big Bang and Black Holes. World Scientific Publ., London.

Hawking, S. (2001): Das Universum in der Nussschale. Hoffmann und Campe, Hamburg.

Hoerner, S. v. (2003): Sind wir allein? C. H. Beck Verlag, München.

Horneck, G., Baumstark-Khan, C. (2002): Astrobiology. Springer Verlag, Berlin.

Kanitscheider, B. (1991): Kosmologie. Philipp Reclam Verlag, Stuttgart.

Kiefer, C. (2008): Der Quantenkosmos. Von der zeitlosen Welt zum expandierenden Universum. S. Fischer Verlag, Frankfurt a. M.

Kundt, W., Marggraf, O. (2014): Physikalische Mythen auf dem Prüfstand. Springer Spektrum Verlag, Heidelberg.
Layzer, D. (1995): Die Ordnung des Universums – Vom Urknall zum menschlichen Bewusstsein. Insel-Verlag, Frankfurt a. M.
Lesch, H., Müller, J. (2003): Big Bang zweiter Akt – Auf den Spuren des Lebens im All. C. Bertelsmann Verlag, München.
Lesch, H., Zaun, H. (2008): Die kürzeste Geschichte allen Lebens. Piper Verlag, München.
Liebscher, D.-E. (2005): Cosmology. Springer Tracts in Modern Physics, Volume 210, Springer-Verlag, Berlin.
Overduin, J., Priester, W. (2001): Problems of modern cosmology: How dominant is the vacuum?, in: Naturwissenschaften 88, S. 229.
Rees, M. (1999): Just six numbers. The deep forces that shape the universe. Weidenfeld & Nicolson, London.
Rees, M. (2003): Das Rätsel unseres Universums. C. H. Beck, München.
Reeves, H. (1992): Schmetterlinge und Galaxien – Kosmologische Streifzüge. Carl Hanser Verlag, München.
Schneider, P. (2015): Extragalactic Astronomy and Cosmology. Springer-Verlag, Berlin.
Unsöld, A., Baschek, B. (2002): Der Neue Kosmos. Springer Verlag, Berlin.
Weinberg, S. (1977): Die ersten drei Minuten, Piper Verlag München.
Weizsäcker, C. F. v. (1991): Der Mensch in seiner Geschichte. Carl Hanser Verlag, München.

Ausgewählte Internet-Links

Deutsches Zentrum für Luft- und Raumfahrt (DLR): www.dlr.de
European Space Agency (ESA): www.esa.int
Wissenschafts- u. Raumfahrtprogramm (Missionen): www.sci.esa.int
Max-Planck-Institut für Astrophysik: www.mpa-garching.mpg.de
weitere links zu anderen themenrelevanten MPI-Instituten: www.mpg.de
NASA: www.nasa.gov/vision/universe/features/index.html
NASA Space-Science: www.spacescience.nasa.gov
http://www.heise.de/tp/inhalt/raum/default.html

Kosmologie:
www.astro.soton.ac.uk/~trm/PH421/notes/notes/node1.html
www.ipac.caltech.edu/level5/March03/lineweaver/Lineweaver
www.astro.uni-bonn.de/~peter/cosmo_short.html

Cosmological calculators:
https://ned.ipac.caltech.edu/help/cosmology_calc.html
www.leifiphysik.de/themenbereiche/kosmologie

Astronomie:
www.astronomie.de
www.weltderphysik.de/gebiet/astro/

Anmerkungen

1 Dabei handelt es sich genau genommen um keine Explosion, vielmehr entstehen nach dem Standardmodell Raum, Zeit und Energie E bzw. Materie $M = E/c^2$ instantan.

2 Die theoretische Voraussetzung zur Berechnung der Expansionsdynamik, der mit der Ausdehnung des Weltraums sich ändernden Dichte und Temperatur der kosmischen Materie bilden die Friedmann-Lemaître-Lösungen der Einstein-Gleichungen. Die Friedmann-Lemaître-Modelle verknüpfen die Raumkrümmung mit der Energiedichte der realen (und virtuellen) Materie und Strahlungsfelder und der Rate der kosmischen Ausdehnung.

3 «... aus dem Staub von Sternen gemacht, die explodierten, werden wir wieder Sterne und Planeten sein, einmal.» Cardenal, E.: Kosmologie, 37. Gesang.

4 Reeves, H.: Erster Akt: Das Universum, in: Die schönste Geschichte der Welt. Von den Geheimnissen unseres Ursprungs, Bergisch-Gladbach 1998, S. 24.

5 Panek, R.: Das Auge Gottes. Das Teleskop und die lange Entdeckung der Unendlichkeit, Stuttgart 2001, S. 30.

6 Im Gegensatz zu dem kosmologischen Modell, dem zufolge sich das Weltall bis in alle Ewigkeit ausdehnt, postuliert das Big-Crunch-Szenario genau das Gegenteil. Es besagt, dass das Universum nach dem Erreichen maximaler Expansion wieder in sich zusammenfällt, also kollabiert.

7 Die sechsteilige BBC-Lecture-Serie *The Nature of the Universe* fand auch publizistischen Niederschlag. Wie sich in dem Abdruck der fünften Sendung (Abschnitt fünf) nachlesen lässt, erwähnte Hoyle den Begriff «Big Bang» nur beiläufig und verwendete ihn insgesamt nur einmal: «...This big bang idea seemed to me to be unsatisfactory even before detailed examination showed that it leads to serious difficulties.» Siehe: Man's Place in the Expanding Universe, in: The Nature of the Universe. A Series of Broadcast Lectures by Fred Hoyle, Oxford 1950, S. 102.

8 Morris, R.: Gott würfelt nicht. Universum, Materie und kreative Intelligenz, Hamburg/Wien 2001, S. 23.

9 Greene, B.: Das elegante Universum. Superstrings, verborgene Dimensionen und die Suche nach der Weltformel, Berlin 2002, S. 400.

10 Die Hypothese eines Multiversums spielt neuerdings auch in der Diskussion über die Bedeutung des Anthropischen Prinzips eine Rolle. Rees, 2003.

11 Guth, A.: Die Geburt des Kosmos aus dem Nichts. Die Theorie des inflationären Universums, München 2002, S. 15.

12 Hamel, J.: Geschichte der Astronomie, Stuttgart 2002 (2. Aufl.), S. 31.
13 Aristoteles, De caelo II, 13, 294 a 30-3.
14 Hierzu vgl. Kahn, Ch. H.: The Art and Thought of Heraclitus. An edition of the fragments with translation and commentary, London 1979.
15 Silk, J.: Der Urknall. Die Geburt des Universums, Berlin 1990, S. 24.
16 Hamel, a.a.O., S. 31.
17 Harrison, E. R.: Kosmologie. Die Wissenschaft vom Universum, Hrsg.: Helma u. Günther Schwarz, Darmstadt 1990 (3. Aufl.), S. 130.
18 Siehe Schüller, V. [Übers./Hrsg.]: Die mathematischen Prinzipien der Physik / Isaac Newton, Berlin 1999.
19 «Das Werk, welches sie zu Stande bringet, hat ein Verhältniß zu der Zeit, die sie darauf anwendet. Sie braucht nichts weniger als eine Ewigkeit, um die ganze grenzenlose Weite der unendlichen Räume, mit Welten ohne Zahl und Ende, zu erleben.» Allgemeine Naturgeschichte und Theorie des Himmels, oder Versuch von der Verfassung und dem mechanischen Ursprunge des ganzen Weltgebäudes nach Newtonischen Grundsätzen abgehandelt.
20 So Herschel gegenüber dem 26-jährigen Dichter Thomas Camphell (1813), Panek, Das Auge Gottes, S. 120.
21 Zitiert nach: Kragh, Helge (1996): Cosmology and Controversy. Princeton University Press, Princeton/New Jersey, S. 55.
22 Gamow, G.: Expanding Universe and the Origin of Elements, in: Physical Review 70 (1946), S. 572–573.
23 Rotverschiebung = die Verschiebung der Spektrallinien im Spektrum eines kosmischen Objekts (verglichen mit der Laborwellenlänge) zu größeren Wellenlängen (Rot) hin. In der Kosmologie ist die Rotverschiebung in den Spektren ferner Galaxien nicht durch ihre Bewegung im Weltraum bedingt, sondern nach der geometrischen Sicht der Allgemeinen Relativitätstheorie dehnt sich der Weltraum im Lauf der Zeit, und die Galaxien schwimmen in diesem Raum mit. Auf dem Weg von der entfernten Galaxie zu uns erfahren die Lichtwellen eine Verschiebung in den langwelligen Bereich. Das Licht erreicht uns mit einer «Rotverschiebung».
24 Diskutierte Extremwerte sind zurzeit: H_0 = 55–90 km/s Mpc.
25 Peebles, P. J. E.: Physical Cosmology, Princeton University Press 1971.
26 Lichtjahr (LJ) = Strecke, die ein Lichtstrahl in einem Jahr (im Vakuum) durchquert. Photonen bewegen sich im Vakuum mit einer Geschwindigkeit von $c = 2.997.924.59 \cdot 10^8\ ms^{-1}$, also rund 300 000 km/s, was bedeutet, dass das Lichtjahr einer Strecke von rund 9.46 Billionen km entspricht; Astronomische Einheit (AE) = mittlere Entfernung der Erde zur Sonne: 149 698 700 Kilometer; Parsec (pc) = künstliche Einheit, die die Entfernung beschreibt, unter der man eine AE, Distanz Erde–Sonne, als einen Abstand von 1» (1 Bogensekunde) messen könnte. Daraus folgt: 1 pc = 206 265 AE = 3.262 LJ = 30.86 Billionen km. Für größere Entfernungen benutzt man noch das Kiloparsec (kpc), 3262 Lichtjahre

und das Megaparsec (Mpc), welches rund 3 Millionen Lichtjahren entspricht.

27 Der Virgo-Haufen, in 18 Mpc Entfernung, mit seiner zentralen cD-Galaxie M87, ist noch kein sehr reicher Haufen. Und die Verteilung der Galaxien auf Längen oberhalb von 100 Mpc (1 Mpc (Megaparsec) = $3.086 \cdot 10^{19}$ km = 3.26 Mly (Megalichtjahr) ist nahezu homogen (durchschnittlicher Abstand zwischen Galaxien $d_G = 10\ D_G$ und zwischen Sternen $d_S = 10^6\ D_S$).

28 Die anderen Teilchen haben im frühen Universum existiert, sind jedoch heute nur noch künstlich-experimentell herstellbar.

29 Nachtmann, O.: Phänomene und Konzepte der Elementarteilchenphysik, Braunschweig 1986.

30 Das «Ausfrieren» ist in der Physik ein thermisches Trennverfahren zum Konzentrieren von Lösungen sowie zum Reinigen und Trocknen von Lösungsmitteln. Dabei wird der Dampf oder die Flüssigkeit durch Abkühlung im Bereich tiefer Temperaturen unterhalb 0 °C bis zum Sublimationspunkt (Desublimieren) oder bis zum Erstarrungspunkt (Erstarren, Kristallisation) in den festen Zustand überführt.

31 Vergleichen wir die heute beobachtbaren Anteile von Helium und Deuterium, so lässt sich das Zahlenverhältnis N_{Ph}/N_B festlegen und somit die heutige mittlere Dichte der baryonischen Materie bestimmen.

32 Als Gravitationslinse bezeichnen Astronomen eine durch das Gravitationsfeld eines zwischen dem Beobachter und einer weit entfernten Lichtquelle befindlichen massereichen Objekts (z. B. eines Sternhaufens oder einer Galaxie) hervorgerufene Erscheinung, bei der das Licht so abgelenkt wird, dass zwei oder mehr Bilder der Quelle wahrnehmbar werden.

33 Unter einer «virtuellen» Materie versteht man die aufgrund des Heisenberg'schen Unbestimmtheitsprinzips entstehenden Teilchen-Antiteilchen-Paare, die nur eine extrem kurze Lebensdauer haben, denen aber durchaus eine mittlere Dichte und ein mittlerer Druck zugeordnet werden kann. Da sie auch im materie- und strahlungsfreien Raum entstehen, ist die Bezeichnung Quantenvakuum gebräuchlich.

34 Dennoch hat sich herausgestellt, dass die Energiefluktuationen im Vakuum («Nullpunkt-Fluktuationen») Kräfte erzeugen können, wie der Casimir-Effekt zeigt. Der Casimir-Effekt entsteht durch Reflexion von Vakuumschwankungen an zwei Metallplatten, die einander gegenüberstehen. Die Vakuumschwankungen drücken zwei 1 µm voneinander getrennte Metallplatten mit einer Kraft in der Größenordnung von 10^{-10} Newton zusammen. Siehe Lamoreaux, S. K.: Demonstration of the Casimir effect in the 0.6 to 6 micrometer range, Phys. Rev. Lett. 78, 5 (1997).

35 Die von dem britischen Physiker Peter W. Higgs 1964 postulierten und nach ihm benannten «Higgs-Teilchen» galten bis 2012 noch als hyothetische Partikel. 2012 wurden diese im CERN (Large Hadron

Collider, LHC) entdeckt. Ein Jahr später wurde Higgs mit dem Physik-Nobelpreis geehrt.

36 Rowan-Robinson, M.: The cosmological distance ladder, New York, 1985.

37 Al-Khalili, J.: Schwarze Löcher, Wurmlöcher und Zeitmaschinen, Heidelberg, Berlin 2001, S. 112.

38 Kippenhahn, R.: Licht vom Rande der Welt. Das Universum und sein Anfang, München/Zürich 1989, S. 19. Vgl. Silk, Urknall, a. a. O., S. 72.

39 So auch Hawking, S.: Eine kurze Geschichte der Zeit. Die Suche nach der Urkraft des Universums, Hamburg 1988, S. 20.

40 Tatsächlich berechnet sich aufsummiert die Intensität der von allen Sternen z. B. am Ort der Erde ankommenden Strahlung wie folgt:

$I = \int_{r=0}^{r=\infty} n_* \cdot \left(\frac{L_*}{4 \pi r^2} \right) 4 \pi r^2 \; dr \rightarrow \infty$, wobei n_* für die konstante Sterndichte im unendlichen euklidischen Raum und L_* für die zeitlich konstante Leuchtkraft steht.

41 Harrison, E.: Darkness at Night. Harvard University Press, Cambridge 1987. Overduin, J. M., Wesson, P.: Dark Sky, Dark Matter. Institute of Physics Publishing, Bristol 2003.

42 Siehe Al-Khalili, a.a.O., S. 110; Fischer, E. P.: Die andere Bildung. Was man von den Naturwissenschaften wissen sollte, München 2001, S. 127.

43 Vgl. Silk, Urknall, a.a.o., S. 72. Hawking, S., a.a.O., S. 20.

44 Weizsäcker, C. F. v.: Der Aufbau der Physik, München 1994.

45 In den kosmologischen Modellen der ART ist aufgrund der Homogenität und Isotropie der Materieverteilung und der Fluchtgeschwindigkeit der Galaxien eine Raum-Zeit-Geometrie ausgezeichnet, in der eine vom Raum unabhängige eindeutige Zeitkoordinate definiert ist.

46 Im Gegensatz zum pseudo-euklidischen Minkowski-Raum, in dem Raum und Zeit endlos und anfangslos sind, gibt es im realen Kosmos einen Anfang der Zeit.

47 Zeh, H. D.: Die Physik der Zeitrichtung, Berlin/Heidelberg/New York/Tokyo 1984.

48 Die Wechselwirkung zwischen der Raum-Zeit-Geometrie und der Materie beschreiben die Einstein'schen Gleichungen der Allgemeinen Relativitätstheorie.

49 Wegen der Kurzreichweitigkeit der Kernkräfte und der weit gehenden Neutralisierung der elektrischen Ladungen auf großen Skalen ist dies eine sehr plausible Annahme.

50 Harrison, E. R.: Fluctuations at the threshold of classical cosmology, in: Phys. Rev. D 1, 2726, 1970.

51 Die erste Friedmann-Lemaître-Gleichung verknüpft die Krümmung des Weltraums und die Dehnung des Raumes (Expansionsrate) mit der Energiedichte ε des kosmischen Substrats (Materie, Strahlung, Vakuumenergie):

$$\frac{1}{c^2}\cdot\left(\frac{\dot{R}}{R}\right)^2+\frac{k}{R^2}=\frac{8\pi G}{3c^2}\cdot\varepsilon$$

Weiterhin gilt eine lokale Energiebilanzgleichung. Die zeitliche Änderung der Energiedichte wird bewirkt durch die Expansionsrate $H = \frac{\dot{R}}{R}$:

$$\frac{d\varepsilon}{dt}+3\frac{\dot{R}}{R}\cdot(\varepsilon+3p) = 0$$

Bei Vorgabe der Zustandsgleichung $p(\varepsilon)=w\cdot\varepsilon$ folgt aus der Energiebilanzgleichung die Funktion $\varepsilon(R)=\varepsilon_0\,(\frac{R_0}{R})^{3(1+w)}$. Dabei gilt: w = 0 für Materie, w = 1/3 für Strahlung und w = –1 bei Berücksichtigung des von Lemaître schon 1934 als Energiedichte des leeren Raumes interpretierten Λ - Terms. Die Energiedichte und Zustandsgleichung lautet

$$\varepsilon_\Lambda = \frac{\Lambda c^4}{8\pi G} \text{ und } p_\Lambda = -\varepsilon_\Lambda\,.$$

Setzt man diese Funktion in die erste Friedmann-Lemaître-Gleichung ein, so ergibt sich durch Integration das Ausdehnungsgesetz des Universums. Die zweite Friedmann-Lemaître-Gleichung verknüpft die Änderung der Expansionsrate mit der Energiedichte des kosmischen Substrats, im heutigen Universum:

$$\frac{\ddot{R}}{R} = -\frac{4\pi G}{3c^2}\cdot(\varepsilon_M-2\varepsilon_\Lambda)$$

Wenn die Vakuumenergiedichte dominiert, beginnt eine Phase beschleunigter Expansion. Das Expansionsgesetz für einen durch die aktuellen Beobachtungen nahegelegten Kosmos mit euklidischer Geometrie (siehe Tabelle auf Seite 114) lautet:

$$\frac{R}{R_0}=\sqrt[3]{\frac{\Omega_M}{\Omega_\Lambda}\left(\sinh\frac{t}{2\tau_\Lambda}\right)^2}$$

Die charakteristische Zeit τ_Λ berechnet sich wie folgt:

$$\tau_\Lambda = \frac{1}{\sqrt{3\,H_0^2\,\Omega_\Lambda}}$$

52 Gasperini, M., Veneziano, G.: The Pre-Big Bang Scenario in String Cosmology. Physics Reports, 373, 2003, S. 1–212.

53 Ein Plasma ist ein ionisiertes Gas, das aus Elektronen und positiv geladenen Ionen besteht. Im Allgemeinen ist ein Plasma quasineutral, weist also die gleiche Zahl von positiven und negativen elektrischen Ladungsträgern auf.

54 In der Theorie dient dieses Feld dazu, bei den spontanen Symmetriebrechungen der Wechselwirkungskräfte den verschiedenen Bosonen die erforderlichen Massen zu vermitteln.
55 Hübner, P./Ehlers, J.: Inflation in curved model universes with noncritical density, Class. Quant. Grav. 8 (1991) S. 333.
56 Es ist ein grundlegendes Prinzip der Elementarteilchenphysik, dass die Reaktionen zwischen Elementarteilchen PCT-invariant sind. Das heißt, die Reaktionen sind invariant gegen Paritätsumkehr (P), d. h. gegen Spiegelung der Raumkoordinaten und gleichzeitige Umkehr des Vorzeichens der elektrischen Ladung der Reaktionspartner (C) sowie der Zeitrichtung (T). Eine Verletzung der CP-Invarianz beim Zerfall der hypothetischen X-Bosonen, die in den Vereinheitlichten Theorien der Materie (GUT) die Umwandlung von Quarks und Leptonen bewirken, ist vermutlich die Ursache für die extreme Asymmetrie im Vorkommen zwischen Materie und Antimaterie.
57 «Es bleibt hier eine offene Frage, ob wir erkenntnistheoretisch überhaupt in der Lage wären, Eigenschaften eines Universums herauszufinden, das wesentlich von unserem abweicht, das aber trotzdem eine Lebensform von Beobachtern dieses Universums hervorbringen könnte.» Siehe Breuer, R.: Das Anthropische Prinzip. Der Mensch im Fadenkreuz der Naturgesetze, Wien/München 1981, S. 32.
58 Barrow, J. D.: The lore of large numbers: Some historical background to the Anthropic Principle, in: Q. JL. R. astr. SOC, 22 (1981), S. 388. Fritzsch, H.: Sind die fundamentalen Konstanten konstant?, in: Physik Journal 2 (2003), S. 49.
59 Teilhard de Chardin, P. de: Der Mensch im Kosmos, München 1959.
60 So auch Daecke, S. M.: Anthropogenese aus theologischer Sicht, in: Mensch – Leben – Schwerkraft – Kosmos. Perspektiven biowissenschaftlicher Weltraumforschung in Deutschland. Hrsg.: H. Rahmann/ Karl A. Kirsch, Stuttgart 2001, S. 316.
61 Davies, P.: Der Plan Gottes, Frankfurt a. M./Leipzig 1995.
62 Eccles, J. C.: Das Rätsel Mensch, München 1989.
63 Dt. Version: Die Physik der Unsterblichkeit. Moderne Kosmologie, Gott und die Auferstehung von den Toten, München 1994.
64 Barrow J., Tippler F.: The Anthropic Cosmological Principle, Oxford University Press, 1986.
65 Diese Überlegungen von Tipler, insbesondere die physikalischen Annahmen, sind von G. F. R. Ellis und D. H. Coule (1994) kritisiert worden. Einerseits wegen physikalischer Probleme bei der Anwendung des Informationsbegriffes in der gekrümmten Raum-Zeit des zum Omega-Punkt kollabierenden Kosmos und weiterhin wegen der Instabilität jedweder Form von Materie in der extrem heißen Umgebung ($T >> 10^{12}$ K), die ein kontrahierender Kosmos in der Endphase bietet. Damit bleibt die Frage nach der ultimativen Zukunft des Kosmos offen, und die Frage nach der Zukunft des Menschen, die sich bei jedem Indivi-

duum nach ca. (0.7–1.1) · 10^2 Jahren stellt, spiegelt sich in Hoffnungsbildern wider oder wird mit einer aussichtslosen Vergänglichkeit beantwortet. Siehe Benz, A.: Die Zukunft des Universums: Zufall, Chaos, Gott, Patmos Verlag, Düsseldorf, 1997, München 2001. Kanitscheider, B.: Auf der Suche nach dem Sinn, Frankfurt a. M. 1995.

66 Crowe, M. J.: The Extraterrestrial Life Debate 1750–1900: The Idea of a Plurality of Worlds from Kant to Lowell (Cambridge: Cambridge University Press, 1986), S. 547 u. S. 646–657.

67 Reeves, H.: Schmetterlinge und Galaxien. Kosmologische Streifzüge, Wien 1992, S. 167.

68 Sagan, C.: Unser Kosmos. Eine Reise durch das Weltall, München 1989, S. 312.

69 Rees, M.: Vor dem Anfang. Eine Geschichte des Universums, Frankfurt a. M. 1998, S. 45.

70 Breuer, a.a.O., S. 31f.

71 Diese Anfangssingularität innerhalb der klassischen Kosmologie ist aufgrund eines mathematischen Theorems von Penrose und Hawking (1969) unvermeidbar, wenn die Energiedichte des kosmischen Substrats positiv ist.

72 The Ekpyrotic Universe: Colliding Branes and the Origin of the Hot Big Bang, von: Justin Khoury, Burt A. Ovrut, Paul J. Steinhardt, Neil Turok, in: Phys. Rev. D64 (2001), 123522.

73 Smolin, a.a.O., S. 108ff.

74 Unglücklicherweise gibt es von diesen Schemata sehr viele, und es scheint, dass keines davon exponiert ist. Wesentlich ist aber, dass jede Stringtheorie die Gravitation beinhalten muss.

75 Eschatologie (die Rede [Logos] vom Letzten und Endgültigen [Eschaton]) und Apokalypse [Enthüllung, Offenbarung] sind ursprünglich theologische Bemühungen um die Zukunftsperspektiven der menschlichen Geschichte.

76 Dyson, F. D.: Time without end: Physics and biology in an open universe, Rev. Mod. Phys. 51 (1979), S. 447. Barrow und Tipler 1978.

77 Barrow J., Tippler F. (1986): The Anthropic Cosmological Principle. Oxford University Press.

78 Die aus den Daten des Weltraumteleskops *Planck* ermittelte Expansionsrate beträgt $H_0 = 67.3 \pm 1.2$ km s^{-1} Mpc^{-1}. Eine Zusammenstellung aller kosmologischen Parameter findet man hier: Planck Collaboration (2014): *Planck* 2013 results: Cosmological parameters. Astron. and Astrophysics, Vol. 571, bzw. arXiv.org: astro-ph/1303.5062. Sowohl die noch bestehenden Diskrepanzen im Wert der beobachteten Expansionsrate als auch die Beschleunigung der Expansion selbst könnten möglicherweise durch die auf einer Skala von $L < 100$ Megaparsec inhomogene Verteilung der Materie bedingt sein, siehe z. B.: Ellis (2011): Inhomogeneity effects in cosmology. Class. Quant. Grav., Vol. 28, und Buchert (2007): Dark Energy from Structure. arXiv.org: astro-ph/0707.2153.

Register